パイソン
Python

×

エクセル
Excel

Python & Excel
reverse lookup
recipe collection

大西 武 著

逆引き
レシピ集

C&R研究所

JN062268

■本書の内容について

● 本書で紹介しているサンプルは、C&R研究所のホームページ(https://www.c-r.com)からダウンロードすることができます。ダウンロード方法については、4ページを参照してください。

● サンプルデータの動作などについては、著者・編集者が慎重に確認しております。ただし、サンプルデータの運用結果にまつわるあらゆる損害・障害につきましては、責任を負いませんのであらかじめご了承ください。

● サンプルデータの著作権は、著者およびC&R研究所が所有します。許可なく配布・販売することは堅く禁止します。

●本書の内容についてのお問い合わせについて

　この度はC&R研究所の書籍をお買いあげいただきましてありがとうございます。本書の内容に関するお問い合わせは、「書名」「該当するページ番号」「返信先」を必ず明記の上、C&R研究所のホームページ(https://www.c-r.com/)の右上の「お問い合わせ」をクリックし、専用フォームからお送りいただくか、FAXまたは郵送で次の宛先までお送りください。お電話でのお問い合わせや本書の内容とは直接的に関係のない事柄に関するご質問にはお答えできませんので、あらかじめご了承ください。

〒950-3122 新潟県新潟市北区西名目所4083-6　株式会社 C&R研究所　編集部
FAX 025-258-2801
『Python×Excel逆引きレシピ集』サポート係

‖ PROLOGUE

　本書はWindowsとmacOS用の表計算ソフトウェア「Microsoft Office Excel」の独自形式ファイルxlsxファイルを、プログラミング言語Pythonで読み込んだり保存したりできる「openpyxl」（オープンパイエクセル）ライブラリの逆引き入門書です。ライブラリとはPythonの拡張機能のことです。

　Excel本体は「openpyxl」ライブラリで読み書きしたxlsxファイルの確認に使うだけで、本書では特にExcel本体の解説はほとんどしません。

　「openpyxl」ライブラリを使えば難しいxlsxファイルを扱う処理はすべてやってくれるので、23ページで解説するPythonの文法がわかれば、だいたいのことは基本的なプログラミングをするだけです。一部で他のライブラリ・パッケージも使っていますが、ほとんどPythonの標準機能や標準ライブラリを使っているぐらいです。

　ExcelなどOfficeシリーズには「VBA（Visual Basic for Applications）」というプログラミング言語も内蔵されています。名前の通りプログラミング言語Visual Basicで「マクロ（ExcelをVBAでプログラミングして操作する機能のこと）」もプログラミングできます。

　本書では特にこのVBAが使えないユーザーでPythonはプログラミングできるユーザーをターゲットにしています。また、VBAよりPythonが得意なユーザーもターゲットにしています。

　「openpyxl」ライブラリを使えばExcelの処理を自動化できます。手作業では何万行も膨大過ぎて処理しきれなかった作業などがPythonをプログラミングするだけで処理できます。

　さらに手作業では入力ミスや計算ミスもあるかもしれませんが、それらも減らせます。作業時間も大幅に短縮できるので、ぜひ「openpyxl」ライブラリを使ってください。

　ただ「openpyxl」ライブラリはExcel2010までの機能しかサポートしていません。本書が理解できれば将来、「openpyxl」ライブラリがバージョンアップしてExcel2021などの新機能もサポートしたら皆さんの力で応用できると思います。

　もし本書が重版したら最新の「openpyxl」ライブラリの機能にも対応したいです。

　本書のサンプルを参考にもっと複雑な処理をプログラミングしてください。本書がその一助になれば幸いです。

2023年2月

大西武

本書について

対象読者について

　本書は、ある程度のプログラミングの基礎を習得済み読者を想定しています。本書ではPythonの基本にも触れていますが、詳細については公式のドキュメントなどをご確認ください。

　また、Excelそのものの操作方法については割愛しています。ご了承ください。

執筆時の動作環境について

　本書で下記のバージョンで動作確認を行っています。

- Python 3.11
- openpyxl 3.0.10
- Excel 2021
- Windows 10
- jaconv 0.3.3
- Pillow 9.4.0

本書に記載したソースコードについて

　本書に記載したサンプルプログラムは、誌面の都合上、1つのサンプルプログラムがページをまたがって記載されていることがあります。その場合は▼の記号で、1つのコードであることを表しています。

サンプルファイルのダウンロードについて

　本書で紹介しているサンプルデータは、C&R研究所のホームページからダウンロードすることができます。本書のサンプルを入手するには、次のように操作します。

❶ 「https://www.c-r.com/」にアクセスします。

❷ トップページ左上の「商品検索」欄に「409-3」と入力し、[検索]ボタンをクリックします。

❸ 検索結果が表示されるので、本書の書名のリンクをクリックします。

❹ 書籍詳細ページが表示されるので、[サンプルデータダウンロード]ボタンをクリックします。

❺ 下記の「ユーザー名」と「パスワード」を入力し、ダウンロードページにアクセスします。

❻ 「サンプルデータ」のリンク先のファイルをダウンロードし、保存します。

サンプルのダウンロードに必要な
ユーザー名とパスワード

| ユーザー名 | expy |
| パスワード | 7p4x |

※ユーザー名・パスワードは、半角英数字で入力してください。また、「J」と「j」や「K」と「k」などの大文字と小文字の違いもありますので、よく確認して入力してください。

　サンプルファイルはZIP形式で圧縮していますので、解凍(展開)してお使いください。また、各章ごとにフォルダー分けしています。該当のpyファイルについては紙面に掲載しています。

CONTENTS

■ CHAPTER 02

ワークブック

■ CHAPTER 03

ワークシート

CHAPTER 04

セル

■CHAPTER 05

データ操作

■CHAPTER 06

グラフ

■CHAPTER 07

その他

## CHAPTER 01

PythonでExcelを
操作するための
基礎知識

Pythonと「openpyxl」ライブラリについて

ここでは、プログラミング言語「Python」と、Excelファイルを扱えるPythonのライブラリ「openpyxl」について解説します。

▌Pythonとは

Pythonは汎用的なプログラミングができる言語で、世界的に人気があります。「読みやすさ」や「わかりやすさ」を重視しており、初学者への敷居が低く、習得しやすいという特徴があります。

Pythonでプログラミングすれば少ないコードでツールやAIやゲームなどのデスクトップアプリだけでなく、Webアプリも開発できます。つまり何らかのアプリが作れれば、さまざまな用途に同じ文法を用いてプログラミングできます。

PythonはWindowsとmacOSとLinuxなどのデスクトップパソコン版などがあります。本書ではWindowsで解説しますが、macOSでも本書の内容がだいたい使えます。

▶Pythonの公式サイト

Pythonの公式サイトは次のURLです。デスクトップパソコンではこの公式サイトから無料でダウンロードして使うことができます。

● Pythonの公式サイト

　URL　https://www.python.org

●Pythonの公式サイト

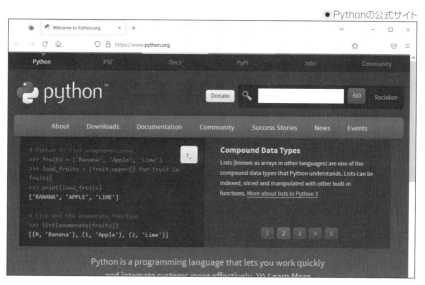

2022年12月現在、Pythonの最新バージョンは **3.11.1** です。Pythonのインストールは次の節で手順を解説します。

Excelを扱えるライブラリについて

ライブラリとは、Pythonに特定の機能を提供するプログラムの集まりのことです。ライブラリの中にはExcelを扱えるものもあります。具体的にはPythonでExcel独自形式のxlsxファイルを読み込んで処理してxlsxファイルに書き出せます。

Excelを扱えるライブラリには下表のようなものがあります。「pandas」ライブラリは内部で「xlrd」「xlwt」「openpyxl」ライブラリを使っています。

本書では「openpyxl」ライブラリを使ってExcelファイルを扱うプログラミングを解説します。

ライブラリ	説明
「openpyxl」ライブラリ	xlsxファイルの読み込みと書き出し
「xlrd」ライブラリ	xlsやxlsxファイルの読み込み
「xlwt」ライブラリ	xlsファイルの書き出し
「pandas」ライブラリ	xlsやxlsxファイルの読み込みと書き出し

▶「openpyxl」ライブラリとは

「openpyxl」もExcelを扱えるライブラリの1つで、Excel独自形式のxlsxファイルを読み書きできます。もちろんExcel本体で作ったxlsxファイルを読み込むこともできます。

Pythonで「openpyxl」ライブラリを import して、Pythonのコードをプログラミングして書き出したxlsxファイルをExcelで開いて見ることができます。

▶VBAと「openpyxl」ライブラリとの違い

VBA（Visual Basic for Applications）とは、Excel本体上でプログラミングできるマクロを実行するのに使うプログラミング言語です。VBAと比較して、「openpyxl」ライブラリを使うことのメリットは次のようになります。

- Pythonが得意な人が思い通りにプログラミングできる
- VBAよりPythonのほうが短いコードで可読性が高く記述ミスが減らせる
- さまざまなPythonモジュールが存在するので計算の応用範囲が広い
- VBAよりPythonのほうが実行処理速度が速い
- VBAではWindowsとmacOSで互換性がないが、Pythonでは互換性がある

ただし、VBAではExcel本体だけで完結してプログラミングできますが、「openpyxl」はPythonの開発環境まで必要になる点がデメリットです。

01

PythonでExcelを操作するための基礎知識

▶「openpyxl」ライブラリのドキュメントサイト

「openpyxl」ライブラリのリファレンスは次のURLです。

- ●「openpyxl」のドキュメントサイト

  URL https://openpyxl.readthedocs.io/en/stable/

●「openpyxl」のドキュメントサイト

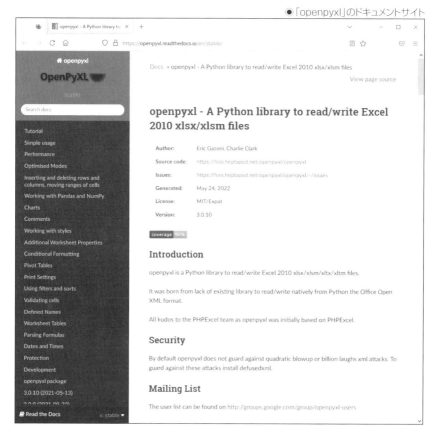

2022年12月現在、「openpyxl」ライブラリの最新バージョンは **3.0.10** です。

「openpyxl」ライブラリのインストールは **pip** コマンドを使います。「openpyxl」ライブラリのインストールは次の節で手順を解説します。

開発のための準備

この節ではこの本でプログラミングするのに必要な開発環境を、Windowsについてだけ準備する解説をします。Excel本体の準備については割愛します。

■ Pythonの準備

最初にPythonのコードを実行するためにPythonのダウンロードサイトからインストーラーを無料でダウンロードします。

次のURLからPython 3.11の本体である「python-3.11.1-amd64.exe」をダウンロードしてインストールします。ファイル名のバージョンは異なる場合があります。

- Pythonのダウンロードサイト

  URL https://www.python.org/download

● Pythonのダウンロードサイト

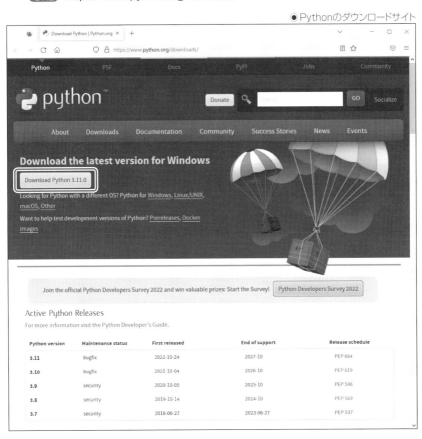

▶Pythonのインストール

インストーラー「python-3.11.1-amd64.exe」を実行すると、PythonやpipなどのプログラムがWindowsにインストールされます。Webブラウザからインストーラーを実行するか、エクスプローラーで「ダウンロード」フォルダーに保存されたインストーラーを実行します。インストーラーの実行後は画面に従い、次のように操作します。

❶「Install Python 3.11.1(64-bit)」で「Add python.exe to PATH」をONにしたらpython.exeへのパスが通されるので、「Install Now」ボタンをクリックします。

III Visual Studio Codeの準備

次にPythonのコードを書いたり実行したりしやすいように、本書では無料の高機能エディタ「Visual Studio Code（以降VS Code）」を使います。

次のURLからVS Codeの本体である「VSCodeUserSetup-x64-1.72.2.exe」をダウンロードします。ファイル名はバージョンが異なる場合があります。Windowsが32bitの場合は32bit版をインストールします。

- VSCodeのダウンロードサイト

  URL https://code.visualstudio.com

●VS Codeのダウンロードサイト

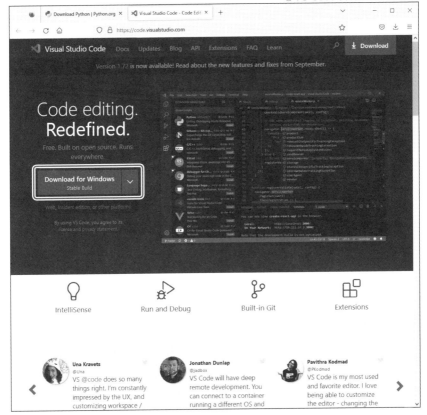

▶ VS Codeのインストール

　インストーラー「VSCodeUserSetup-x64-1.72.2.exe」を実行すると、まだPythonは使えない高機能エディタVS Codeがインストールされます。

　Webブラウザからインストーラーを実行するか、エクスプローラーで「ダウンロード」フォルダーに保存されたインストーラーを実行します。インストーラーの実行後は画面に従い、次のように操作します。

❶ 「使用許諾契約書の同意」で「同意する」をONにし、「次へ」ボタンをクリックします。

❷ 「インストール先の指定」で「次へ」ボタンをクリックします。

❸ 「スタートメニューフォルダーの指定」で「次へ」ボタンをクリックします。

❹ 「追加タスクの選択」で「次へ」ボタンをクリックします。

❺ 「インストールの準備完了」で「インストール」ボタンをクリックします。

❻ 「インストール状況」でVS Codeのインストール状況が表示されます。

❼ 「Visual Studio Codeセットアップウィザードの完了」で「完了」ボタンをクリックします。

VS Codeの設定

VS Codeには最初から最低限の開発環境が用意されています。しかし、日本語化には拡張機能が必要です。Pythonに関しても拡張機能をインストールする必要があります。

VS Codeは高機能エディタと書きましたが、Pythonの拡張機能でPythonのIDE(統合開発環境)に近いことができます。

▶VS Codeの日本語化

VS Codeで拡張機能を使うには次の図のように「Extenstions」で「japanese」を検索し、「Japanese Language Pack for Visual Studio Code」を「Install」ボタンをクリックします。

インストールが終わったら「Restart」ボタンをクリックしてVS Codeを再起動します。これでメニューなどが日本語化されます。

▶VS CodeのPython対応

VS Codeで次の図のように「拡張機能」で「python」を検索し、「Python」を「インストール」します。

これでVS Codeでpyファイルを開くと「実行」→「デバッグの開始」メニューや、「実行」→「デバッグなしで実行」メニューや、「▷」アイコンで、Pythonのpyファイルが実行できます。

▌「openpyxl」ライブラリの設定

このままではまだPythonでExcelのxlsxファイルは扱えません。無料の「openpyxl」ライブラリのインストールが必要です。Pythonの追加機能であるライブラリはVS Codeの拡張機能ではなく、Pythonの `pip` コマンドを使ってインストールします。

そのためには次の図のようにVS Codeの「表示」メニューから「ターミナル」を選択し、ターミナルウィンドウを開きます。

▶「openpyxl」ライブラリのインストール

ターミナルで次のコマンドを実行すれば、Pythonに「openpyxl」ライブラリがインストールされます。

```
$ pip install openpyxl
```

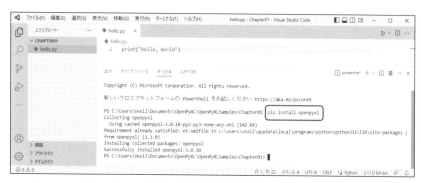

ただし、プログラミングする際、インストールしただけではライブラリは使えません。py ファイルのコードで `import openpyxl` などと記述してライブラリを読み込む必要が あります。

COLUMN　　macOSでのPythonコマンドの実行

`pip` コマンドなどはWindowsの場合を解説しましたが、macOSではPythonコ マンドの実行に `python3 -m` を書き足す必要があります。たとえば次のような書 式です。

```
$ python3 -m pip install openpyxl
```

SECTION-003

Pythonの基礎知識

この節ではPythonの基本的な文法を解説しながら、はじめてのPythonプログラミングを解説します。

▌「print」関数で「Hello, World!」

この節ではPythonがどのような処理を実行するか、基本的に `print` 関数でターミナルに文字列を表示して確認します。

次の図のようにVS Codeの「ファイル」メニューから→「フォルダーを開く」を選択し、「Open PyXLSamples」→「Chapter01」フォルダーを選択して「フォルダーの選択」ボタンをクリックします。ツリービューから「hello.py」を開いて、「▷」アイコンをクリックして実行し、ターミナルに「Hello, World!」という文字が表示されることを確認しましょう。

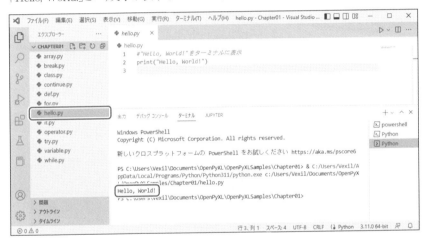

▶「hello.py」のコード

次のコードのように `print` 関数は右に続く `()` 内の文字列や数値をターミナルに表示する関数です。関数については後で解説します。

一般に `print` 関数は正常に計算や処理がなされているかを実際に値を確認するために使うことが多いです。

SAMPLE CODE 「hello.py」のコード

```
# "Hello, World!"をターミナルに表示
print("Hello, World!")
```

変数と宣言

変数とは値を入れたり見たりするための入れ物とよく表現されます。値には数値や文字列やオブジェクトが代入取得できます。

最初に **変数名 = 値** と宣言したら、その変数が使えるようになります。 = で変数に値を代入できます。 = は算数や数学のような等号ではありません。

▶「variable.py」のコード

ここでは、次のコードのように i 変数に = で 10 の数値を代入し、s 変数に = で "こんにちは" という文字列を代入しています（文字列は " で囲んで指定する）。

正しく値が代入されたか確認のために print 関数でターミナルに変数の値を表示します。

SAMPLE CODE 「variable.py」のコード

```python
# 「i」変数に10を代入して宣言する
i = 10
# 「i」変数をターミナルに表示する
print(i)
# 「s」変数に"こんにちは"を代入して宣言する
s = "こんにちは"
# 「s」変数をターミナルに表示する
print(s)
```

リストと宣言

リストとは1つまたは複数の変数を1つにまとめて扱えるようにするものです。値には数値や文字列やオブジェクトやリストの中にリストも代入できます。他のプログラミング言語では「配列」と呼ばれることが多いです。

最初に **リスト名 = [値0,値1,値2, . . .]** と宣言します。その後、**変数 = リスト名[0]** と記述すると「0」インデックスの要素として **値0** が取得できたり、**リスト名[1] = 値** と記述するリストの「1」インデックスに値を代入できたりします。

▶「arraylist.py」のコード

ここでは、次のコードのように arr リストに [] 内の3つの要素を代入して宣言しています。変数と同様に = で [] 内の要素を代入します。

arr リストの「0」インデックスの値("Apple")がターミナルに表示されます。

SAMPLE CODE 「arraylist.py」のコード

```python
# 「arr」リストに値を入れて宣言する
arr = ["Apple","Orange","Banana"]
# 「arr」リストの0インデックスをターミナルに表示する
print(arr[0])
```

▓ タプルと宣言

タプルとはリストに似た構文で、1つまたは複数の変数を1つにまとめて扱えるようにするものです。値には数値や文字列やオブジェクトも宣言のときだけ代入できます。

最初に **タプル名 ＝（値0,値1,値2,...）** と宣言します。その後、**変数 ＝ タプル名[1]** と記述すると「1」インデックスの要素として **値1** が取得できます。ただし、リストと違って **タプル名[2] ＝ 値** のようにタプルに値を代入はできません。

▶「tuple.py」のコード

ここでは、次のコードのように **tup** タプルに **()** 内の3つの要素を代入して宣言しています。変数と同様に ＝ で **()** 内の要素を宣言します。

tup タプルの「1」インデックスの値（ **"Orange"** ）がターミナルに表示されます。

SAMPLE CODE 「tuple.py」のコード

```
# 「tup」タプルに値を入れて宣言する
tup = ("Apple","Orange","Banana")
# 「tup」タプルの1インデックスをターミナルに表示する
print(tup[1])
```

▓ 辞書型と宣言

辞書型とはその名の通り辞書のように単語を調べたらその単語の意味が書いているのと同じものです。Pythonの辞書型では **{Key:Value}** のようにキーに対してバリュー（値）を宣言します。

▶「dictionary.py」のコード

ここでは、次のコードのように **dic** 辞書型に **{}** 内の要素を代入して宣言しています。変数と同様に ＝ で **{}** 内の要素を代入します。

dic 辞書型の **Fruit** キーの値（ **"Apple"** ）がターミナルに表示されます。

SAMPLE CODE 「dictionary.py」のコード

```
# 「dic」辞書型に値を入れて宣言する
dic = {"Fruit":"Apple"}
# 「dic」辞書型のキー"Fruit"の値をターミナルに表示する
print(dic["Fruit"])
```

なお、**dic["Fruit"] ＝ "Orange"** のようにキーのバリューも代入できます。

▐▐▐ 演算子

演算子は算数の基本である加減乗除や除算した余りの剰余が使えます。

加算には + 、減算には - 、乗算には * 、除算には / 、剰余には % を使います。

▶ 「operators.py」のコード

ここでは、次のコードのように a 変数と b 変数との加減乗除と剰余の計算をしてターミナルに表示します。

無理に変数同士で計算しなくても a+1 や 2+b のように直接数値を使うこともできます。ただし、a 変数や b 変数に事前に値を代入せずに計算するとエラーになります。

SAMPLE CODE 「operators.py」のコード

```python
# 「a」変数に1を代入して宣言する
a = 1
# 「b」変数に2を代入して宣言する
b = 2
# a+b(加算)の計算結果をターミナルに表示する
print(a+b)
# a-b(減算)の計算結果をターミナルに表示する
print(a-b)
# a*b(乗算)の計算結果をターミナルに表示する
print(a*b)
# a/b(除算)の計算結果をターミナルに表示する
print(a/b)
# a%b(剰余、除算した余り)の計算結果をターミナルに表示する
print(a%b)
```

▐▐▐ 条件分岐

条件分岐には if 文を使います。 if 条件式: と書き、文字通り「もし○○なら」という条件の真偽で分岐させます。

ここではじめてインデント(字下げ)が現れます。Pythonはインデントで処理の範囲を区別します。

▶ 「if.py」のコード

ここでは、次のコードのように i 変数に 0 を代入して、if 文で「 i が 0 と等しいか?」を調べて成り立てば、次の行からのインデントしたコードが実行されます。

SAMPLE CODE 「if.py」のコード

```python
# 「i」変数に0を代入して宣言する
i = 0
# 「i」変数が0と等しいか調べる
if i == 0:
  # 「i」変数が0と等しい場合"iは0です。"をターミナルに表示する
  print("iは0です。")
```

▶「elif.py」のコード

ここでは、次のコードのように i 変数に 1 を代入して、if 文で「 i が 0 と等しいか?」を調べて成り立てば、次の行からのインデントしたコードが実行されます。 if 文が成り立たない場合はさらに elif 文で「 i が 1 と等しいか?」を調べ、elif 文の条件式が成り立てば次の行からインデントしたコードを実行します。 elif 文も成り立たない場合だけ else 文以下のインデントしたコードが実行されます。

SAMPLE CODE 「elif.py」のコード

```python
# 「i」変数に1を代入して宣言する
i = 1
# 「i」変数が0と等しいか調べる
if i == 0:
    # 「i」変数が0と等しい場合"iは0です。"をターミナルに表示する
    print("iは0です。")
# 「i」変数が1と等しいか調べる
elif i == 1:
    # 「i」変数が1と等しい場合"iは1です。"をターミナルに表示する
    print("iは1です。")
# if文とelif文が成り立たない場合
else:
    # 「i」変数が0とも1とも等しくない場合
    # "iは0でも1でもありません。"をターミナルに表示する
    print("iは0でも1でもありません。")
```

||| 繰り返し

繰り返しには for 文を使います。 for 変数 in range(開始,終了): で開始の数値~終了未満までの数値を変数に代入して繰り返します。

ここでも次の行からインデントで for 文の処理の範囲を明示します。また、for 文の中でさらに if 文や for 文を実行する場合はそれ以下の処理をもう1つインデントします。

▶「for.py」のコード

ここでは、次のコードのように for 文で i 変数に0~10未満までの値を代入して次の行のインデントした処理を実行します。

また。 for 変数 in リスト: とコードを書くと、リストの最初から最後までの要素を変数に代入して次の行のインデントしたコードの処理を繰り返します。

SAMPLE CODE 「for.py」のコード

```python
# 「i」変数が0~10未満まで繰り返す
for i in range(0,10):
    # 「i」変数の数値をターミナルに表示する
    print(i)
```

▼

```
# 「arr」リストに値を代入して宣言する
arr = ["Apple","Orange","Banana"]
# arrリストの要素数だけ繰り返して「a」変数に代入する
for a in arr:
  # 「a」変数の値をターミナルに表示する
  print(a)
```

条件が満たされている間の繰り返し

繰り返しの仕方にはもう1つあり、while 文を使います。 while 条件式: で条件が成り立つ間は何度でも繰り返します。

while 文が成り立つ場合は次の行からのインデントしたコードを繰り返します。

どちらかというと for 文が回数が決まっている繰り返しをするのに対し、while 文は繰り返し回数が決まっていないことに使われる傾向があります。

▶「while.py」のコード

ここでは、次のコードのように i 変数が0〜5未満の間は繰り返し次の行からのインデントしたコードを処理します。

while 文は無限にループすることもあるので、必ず条件が成り立たなくなるような条件を書かなければなりません。ここでは i 変数に1ずつ加算しています。

SAMPLE CODE 「while.py」のコード

```
# 「i」変数に0を代入して宣言する
i = 0
# 「i」変数が5より小さい場合繰り返す
while i < 5:
  # 「i」変数の値をターミナルに表示する
  print(i)
  # 「i」変数に1を加算して「i」変数に代入する
  i = i + 1
```

処理の抜け出し

繰り返しを途中でやめたい場合は、if 文などの条件を書いて break 文で抜け出すこともできます。 break した後の入れ子の for 文などの繰り返しはまったく実行されません。

▶「break.py」のコード

ここでは、次ページのコードのように for 文などの繰り返しの途中で break 文を使うと、for 文などから抜け出すこともできます。次ページのコードならターミナルに0、1、2、3、4、5までは表示されますが、for 文の範囲である6〜9（10未満）は表示されません。

SAMPLE CODE break.py

```
# 「i」変数が0〜10未満まで繰り返す
for i in range(0,10):
    # 「i」変数の値をターミナルに表示する
    print(i)
    # 「i」変数が5と等しいか調べる
    if i == 5:
        # 「i」変数が5と等しい場合for文を抜ける
        break
```

▌▌ 処理のスキップ

繰り返しの中で1回または数回だけ処理を行わないこともできます。それには continue 文を使います。 continue 文を使うと後の処理を実行せずに while 文に戻ります。

break 文は後の処理を実行しませんが、continue 文は break 文と違って抜け出すわけではありません。

▶「continue.py」のコード

ここでは、次のコードのように i 変数に 0 を代入して while 文で i 変数が5より小さい間、処理を繰り返します。その中で i 変数が 2 のときだけ print 関数を実行しません。

次のコードではターミナルに「1,3,4,5」が表示されます。

SAMPLE CODE 「continue.py」のコード

```
# 「i」変数に0を代入して宣言する
i = 0
# 「i」変数が5より小さい場合繰り返す
while i < 5:
    # 「i」変数に1を加算して「i」変数に代入する
    i = i + 1
    # 「i」変数が2と等しいか調べる
    if i == 2:
        # 「i」変数が2と等しい場合この後をスキップしてwhile文を繰り返す
        continue
    # 「i」変数の値をターミナルに表示する
    print(i)
```

||| 関数

関数とはコードの1部または大部分を1つにまとめます。同じような処理をするとき関数を呼ぶだけで何度でも処理が実行できます。

プログラムは上から順に実行されますが、関数は呼び出されるまで実行されません。

▶「def.py」のコード

ここでは、次のコードのように def 関数名(引数0,引数1,引数2,...): と宣言します。関数の範囲はインデントで表します。

printNum(10) のように関数を呼び出してはじめて引数の num 変数の値の 10 を print 関数でターミナルに表示します。

SAMPLE CODE 「def.py」のコード

```
# 「printNum」関数を宣言する
def printNum(num):
  # 「num」引数をターミナルに表示する
  print(num)


# 「printNum」関数に引数10を渡して呼び出す
printNum(10)
```

||| クラス

クラスとは、たとえるなら自動車の設計図のようなもので、設計図をもとに作った実物の自動車が「インスタンス」にあたります。

クラスは「インスタンス」を生成したとき初期化メソッドが呼ばれるだけで、クラスに所属する変数である「プロパティ」に代入取得したり、クラスに所属する関数である「メソッド」が呼び出されたりするまで実行されません。

▶「class.py」のコード

ここでは、次のコードのように class Class1(): でクラスを宣言します。class 文の直後の行に「プロパティ」を宣言します。インデントした def 文で「メソッド」を宣言します。「メソッド」内の「プロパティ」は self.変数名 で代入取得できます。

Class1 クラスの「インスタンス」を生成して class1 変数に代入して、Class1 クラスの printStr メソッドを呼び出します。

SAMPLE CODE 「class.py」のコード

```
# 「Class1」クラスの宣言
class Class1():
  # 「str」プロパティに空文字を代入して宣言する
  str = ""
  # 初期化メソッド
  def __init__(self):
    # 「str」プロパティの"クラスの例"を代入する
```

▼

30

```
        self.str = "クラスの例"
    # 「printStr」メソッドを宣言する
    def printStr(self):
        # 「str」プロパティをターミナルに表示する
        print(self.str)

# 「Class1」クラスのインスタンスを生成して「class1」変数に代入する
class1 = Class1()
# 「Class1」クラスの「printStr」メソッドを呼び出す
class1.printStr()
```

▐▌▌ 例外処理

例外処理とはコードにエラーが出た場合にプログラムの実行を終了せずに続けて実行できるようにするための処理です。

try 文の次の行からのインデントした処理でエラーがあれば、**except** 文の次の行からのインデントした処理が実行され、エラーがあってもなくても **finally** 文の次の行からのインデントした処理が実行されます。

▶「try.py」のコード

ここでは、次のコードのように **try:** の次の **i = 1/0** で0で除算する（ゼロディバイド）というエラーがあるので、**except:** の次の **print** 関数が実行され、エラーがあってもなくても **finally:** の次の **print** 関数が実行されます。

SAMPLE CODE 「try.py」のコード

```
# 例外がないか調べる
try:
    # 1を0で除算する(やってはいけない処理)
    i = 1/0
# 0で除算したエラーがある場合
except ZeroDivisionError as e:
    # 「e」変数のエラー内容をターミナルに表示する
    print("catch ZeroDivisionError:", e)
# 例外が発生してもしなくても行う処理
finally:
    # "finish"の文字をターミナルに表示する
    print("finish")
```

SECTION-004

「openpyxl」ライブラリで プログラミングする流れ

この節ではシンプルに「openpyxl」ライブラリをプログラミングする流れを解説します。

▓ 「openpyxl」ライブラリの使い方

「openpyxl」ライブラリは、まず、pyファイルで `import` 文を使ってインポートします。これで `openpyxl.` に続けて「openpyxl」ライブラリの機能が使えるようになります。

Excelのファイル形式であるxlsxファイルをワークブックに読み込み、セルの値を取得したり代入したり処理したりして、xlsxファイルに保存するのが、基本的な「openpyxl」ライブラリを使ったプログラミングの流れです。

この節のサンプルでは次の図のように、Excelの `pyxl.xlsx` ファイルが `pyxl2.xlsx` ファイルのように「大西 武」が追加されるだけします。

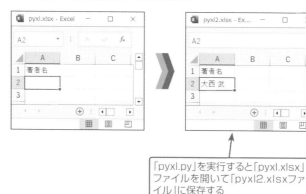

「pyxl.py」を実行すると「pyxl.xlsx」ファイルを開いて「pyxl2.xlsxファイル」に保存する

▓ 「pyxl.py」のコード

「openpyxl」ライブラリを使った最も基本的なコードは次のようになります。「openpyxl」ライブラリをインポートして、ワークブックに `pyxl.xlsx` ファイルを読み込み、アクティブなワークシートのセルA2に「大西 武」を入力して、ワークブックを `pyxl2.xlsx` ファイルに書き出します。

SAMPLE CODE 「pyxl.py」のコード

```
# xlsxファイルを扱うライブラリを読み込む
import openpyxl

# ワークブックを読み込む
wb = openpyxl.load_workbook("pyxl.xlsx")
# アクティブなワークシートを取得する
ws = wb.active
```

```
# セルA2に入力する
ws["A2"].value = "大西 武"

# ワークブックを保存する
wb.save("pyxl2.xlsx")
```

▶xlsxファイルを扱うライブラリを読み込む

import openpyxl で「openpyxl」ライブラリをインポートしてこの pyxl.py ファイル内でもそのライブラリの機能が使えるようにします。

▶ワークブックを読み込む

「openpyxl」ライブラリの openpyxl.load_workbook 関数でExcelファイル "pyxl.xlsx" を読み込んだワークブックを wb 変数に代入します。

▶アクティブなワークシートを取得する

ワークブック wb 変数のアクティブな（現在開いている）ワークシートである active プロパティを ws 変数に代入します。

▶セルA2に入力する

ワークシート ws 変数のセル "A2" の value プロパティに "大西 武" を代入します。

▶ワークブックを保存する

ワークブック wb 変数の save メソッドでExcelファイル pyxl2.xlsx にワークブックを保存します。Excel本体で確認するとセルA2に「大西 武」の値が追加されています。

CHAPTER 02

ワークブック

ファイルダイアログでxlsxファイルに保存する

　ここでは、ファイルダイアログで指定したファイル名で新規作成したワークブックをxlsxファイルに保存する方法を解説します。

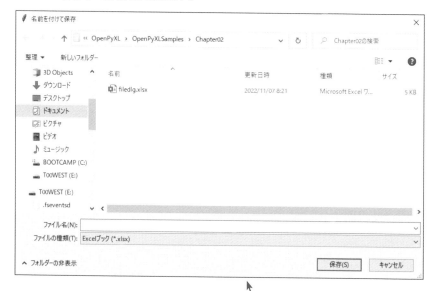

ファイルダイアログを表示して
ファイルを保存する

SAMPLE CODE　「filedlg.py」のコード

```python
# xlsxファイルを扱うライブラリを読み込む
import openpyxl
# GUIのTkinterモジュールを読み込む
import tkinter as tk
# ファイルダイアログモジュールを読み込む
import tkinter.filedialog

# ルートウィンドウを作成する
root = tk.Tk()
# ルートウィンドウを非表示にする
root.withdraw()
# ファイルの拡張子を指定する
filetypes = [("Excelブック", "*.xlsx"),]
```

▼

```
# ファイルダイアログを表示する
filename = tkinter.filedialog.asksaveasfilename(filetypes=filetypes,
  title="名前を付けて保存",defaultextension = "xlsx")
# ファイル名が存在する場合
if filename != "":
  # ワークブックを新規作成する
  wb = openpyxl.Workbook()
  # ワークブックを保存する
  wb.save(filename)
```

02
ワークブック

ONEPOINT ファイルダイアログを表示するには「Tkinter」モジュールを使う

ファイルダイアログを利用するには「Tkinter」というGUIを構築するPython標準モジュールを利用します。 `tkinter.filedialog.asksaveasfilename` メソッドで、`filetypes` 引数に拡張子、`title` 引数にタイトル名、`defaultextension` 引数にデフォルトの拡張子を指定してファイルダイアログを表示します。

ファイル名 = tkinter.filedialog.asksaveasfilename(
   filetypes,title,defaultextension)

ただし、ファイルダイアログは保存するファイル名を取得するだけで、これでファイルに保存するわけではありません。ファイルを保存するには、「openpyxl」ライブラリの save メソッドを利用します。

ONEPOINT ワークブックを新規作成するには「Workbook」クラス、
ファイルに保存するには「save」メソッドを使う

「openpyxl」ライブラリのワークブックとはExcelのシートを1まとめにした1つのxlsxファイルを構成するクラスです。

`openpyxl.Workbook` クラスでワークブックのインスタンスを新規作成し、変数に代入します。 **Workbook** クラスの書式は次の通りです。

変数 = openpyxl.Workbook()

ワークブックを保存するには save メソッドを使います。引数にファイル名を指定します。 save メソッドの書式は次の通りです。

ワークブックのインスタンス.save(**ファイル名**)

なお、ここで解説したサンプルは空の「Sheet」という名前の1ワークシートだけのワークブックです。

ONEPOINT　「Tkinter」モジュールの小さなウィンドウを非表示にするには
「withdraw」メソッドを使う

　「Tkinter」モジュールのファイルダイアログはそのままではファイルダイアログとは別に小さなウィンドウも表示されてしまいます。その小さなウィンドウを非表示にする **withdraw** メソッドの書式は次の通りです。

```
Tkinterのウィンドウ.withdraw()
```

COLUMN　「Tkinter」モジュールについて

　Python標準モジュールの「Tkinter」を使えばさまざまなGUIが構築できます。たとえば下表のようなウィジェットがあります。

ウィジェット	説明
「Button」クラス	ボタン
「Checkbutton」クラス	チェックボックス
「Entry」クラス	入力ボックス
「Frame」クラス	枠
「Label」クラス	ラベル
「LabelFrame」クラス	ラベル付きの囲み
「Menubutton」クラス	メニューボタン
「PanedWindow」クラス	分割矩形
「Radiobutton」クラス	ラジオボタン
「Scale」クラス	数値バー
「Scrollbar」クラス	スクロールバー
「Spinbox」クラス	スピンボックス
「Canvas」クラス	画像表示矩形
「Listbox」クラス	リストボックス
「Menu」クラス	メニュー
「Message」クラス	メッセージボックス
「Combobox」クラス	コンボボックス
「Notebook」クラス	タブ切り替え
「Progressbar」クラス	進捗バー
「Separator」クラス	区切り線
「Sizegrip」クラス	ウィンドウのリサイズ可能表示
「Treeview」クラス	ツリービュー

SECTION-006

xlsxファイルを一括で連番xlsxファイルに
保存する

　ここでは、フォルダーダイアログで指定したフォルダーにあるすべてのxlsxファイルを
「0.xlsx」～の連番ファイルに保存する方法を解説します。

フォルダ内のxlsxファイルを連番の
ファイル名にして保存する

02
ワークブック

SAMPLE CODE 「folder.xlsx」のコード

```python
# xlsxファイルを扱うライブラリを読み込む
import openpyxl
# GUIのTkinterモジュールを読み込む
import tkinter as tk
# ファイルダイアログモジュールを読み込む
import tkinter.filedialog
# ファルダー内のファイルを取得するモジュールを読み込む
import glob

# ルートウィンドウを作成する
root = tk.Tk()
# ルートウィンドウを非表示にする
root.withdraw()
# フォルダーダイアログを表示する
foldername = tkinter.filedialog.askdirectory(title="フォルダーを選択")
# フォルダー名が存在する場合
if foldername != "":
    # 指定したフォルダーのxlsxファイルをすべて取得する
    filenames = glob.glob(foldername+"/*.xlsx")
    # filenamesリスト内のすべてをループする
    for i in range(0,len(filenames)):
        # filenamesのiインデックスのブックを開く
        wb = openpyxl.load_workbook(filenames[i])
        # 0～.xlsxファイル名に変更してブックを保存する
        wb.save(foldername+"/{}.xlsx".format(i))
```

ONEPOINT ファイルの一覧を取得するには「glob」モジュールの「glob」関数を使う

　指定したフォルダー内にあるファイルの一覧を取得するには、glob.glob 関数を使います。引数にフォルダーを指定します。 glob 関数の書式は次の通りです。

ファイル名のリスト = glob.glob(フォルダー名)

　このとき、引数に検索したい拡張子を指定することもできます。サンプルでは、次のように指定することで、xlsxファイルのみを取得しています。拡張子を指定する glob 関数の書式は次の通りです。

filenames = glob.glob(foldername+"/*.xlsx")

　リストの要素数を取得する len 関数の書式は次の通りです。

変数 = len(リスト)

　取得したファイル名をもとに、openpyxl.load_workbook 関数でワークブックを読み込み、ループ処理で連番を付けて保存しています。 openpyxl.load_workbook 関数の書式は次の通りです。引数には読み込むxlsxファイル名を渡します。

変数 = openpyxl.load_workbook(xlsxファイル名)

ONEPOINT フォルダーダイアログを表示するには「Tkinter」モジュールを使う

　フォルダーダイアログを表示するには、「Tkinter」モジュールの tkinter.filedialog.askdirectory 関数を使います。
　ウィンドウのタイトルは title 引数に指定し、最初に開くフォルダーを initialdir 引数に指定します。メソッドの書式は次の通りです。

フォルダー名 = tkinter.filedialog.askdirectory(title,initialdir)

| COLUMN | xlsファイルの扱い |

　Excelのファイル形式には、xlsxファイルの他にExcel97〜2003形式のxlsファイルもありますが、「openpyxl」ライブラリはxlsxファイルにしか対応していません。

　xlsファイルをxlsxファイルに変換する場合は、「pandas」ライブラリ、「openpyxl」ライブラリ、「xlrd」ライブラリ、「xlwt」ライブラリを組み合わせて使います。まずターミナルで次のコマンドを実行し、ライブラリをインストールします。

```
$ pip install pandas openpyxl xlrd xlwt
```

　具体的なコードは次のようになります。

SAMPLE CODE 「xls2xlsx.py」のコード

```python
# GUIのTkinterモジュールを読み込む
import tkinter as tk
# ファイルダイアログモジュールを読み込む
import tkinter.filedialog
# フォルダー内のファイルを取得するモジュールを読み込む
import glob
# xlsxとxlsを扱うライブラリを読み込む
import pandas

# ルートウィンドウを作成する
root = tk.Tk()
# ルートウィンドウを非表示にする
root.withdraw()
# フォルダーダイアログを表示する
foldername = tkinter.filedialog.askdirectory(title="フォルダーを選択")
# フォルダー名が存在する場合
if foldername != "":
    # 指定したフォルダーのxlsファイルをすべて取得する
    filenames = glob.glob(foldername+"/*.xls")
    # filenamesリスト内のすべてをループする
    for fn in filenames:
        # fnのブックを開く
        wb = pandas.read_excel(fn)
        # 拡張子をxlsxファイルに変更してブックを保存する
        wb.to_excel(fn+"x")
```

関連項目 ▶ ▶ ▶

● ファイルダイアログでxlsxファイルに保存する ……………………………… p.36

SECTION-007

xlsxファイルの詳細を
ワークブックのプロパティで設定する

ここでは、xlsxファイルにプロパティを設定する方法を解説します。

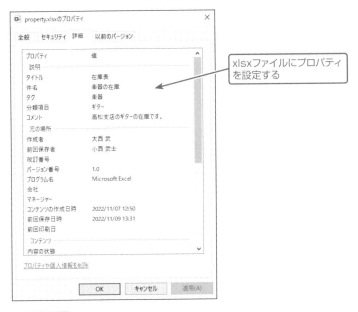

xlsxファイルにプロパティ
を設定する

SAMPLE CODE 「property.py」のコード

```python
# xlsxファイルを扱うライブラリの読み込み
import openpyxl

# property.xlsxファイルを読み込む
wb = openpyxl.load_workbook("property.xlsx")
# プロパティのタイトルを設定する
wb.properties.title = "在庫表"
# プロパティの件名を設定する
wb.properties.subject = "楽器の在庫"
# プロパティのタグを設定する
wb.properties.keywords = "楽器"
# プロパティの分類項目を設定する
wb.properties.category = "ギター"
# プロパティのコメントを設定する
wb.properties.description = "高松支店のギターの在庫です。"
# プロパティの作成者を設定する
wb.properties.creator = "大西 武"
```

02

ワークブック

43

```
# プロパティの前回保存者を設定する
wb.properties.lastModifiedBy = "小西 武士"
# プロパティのバージョン番号を設定する
wb.properties.version = "1.0"
# "property.xlsx"ファイルに保存する
wb.save("property2.xlsx")
```

ONEPOINT ワークブックのプロパティを設定するには
「properties」プロパティを使う

xlsxファイルの詳細（プロパティ）を設定するには **properties** プロパティの **title** プロパティなどを使います。ファイルの詳細はエクスプローラーなどでファイルを右クリックし、表示されたメニューから「プロパティ」を選択すると確認することができます。

指定できる主なプロパティは下表のようになります。

プロパティ	説明
title	タイトル
subject	件名
keywords	タグ
category	分類項目
description	コメント
creator	作成者
lastModifiedBy	前回保存者
version	バージョン番号

各プロパティを設定する **properties** プロパティの書式は次の通りです。

ワークブック.properties.**プロパティ** = 文字列

また、プロパティを取得することもできます。その場合の書式は次の通りです。

変数 = **ワークブック**.properties.**プロパティ**

SECTION-008

存在しないワークブックを開くと
新規にワークブックを作成する

ここでは、存在しないxlsxファイルを開こうとすると新規でワークブックを作成する方法を解説します。

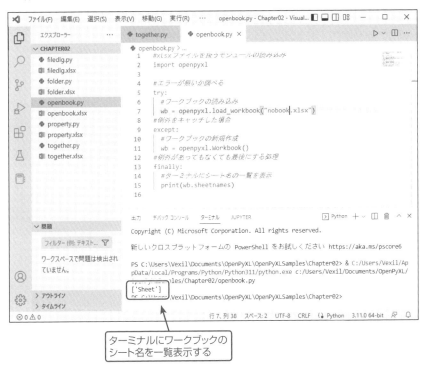

ターミナルにワークブックの
シート名を一覧表示する

SAMPLE CODE 「openbook.py」のコード

```python
# xlsxファイルを扱うライブラリを読み込む
import openpyxl

# エラーがないか調べる
try:
    # ワークブックを読み込む
    wb = openpyxl.load_workbook("openbook.xlsx")
# 例外をキャッチした場合
except:
    # ワークブックを新規作成する
    wb = openpyxl.Workbook()
```

45

```
# 例外があってもなくても最後にする処理
finally:
    # ターミナルにシート名の一覧を表示する
    print(wb.sheetnames)
# ブックを保存する
wb.save("openbook2.xlsx")
```

02
ワークブック

HINT

試しにコードの7行目を wb = openpyxl.load_workbook("folder.xlsx") の
ように変更して実行すると、新規ワークブックは作成されず、「folder.xlsx」ファイルの
シート名がターミナルに表示されます。

ONEPOINT **存在しないワークブックを確認するには例外処理で対応する**

　「openpyxl」ライブラリにはワークブック名を取得するメソッドやプロパティがありま
せん。そのため、存在しないワークブックを開いたときに新規作成する場合は、例
外処理を利用します。

　ここでは、存在しない **openbook.xlsx** ファイルを開こうとしたときに例外処理
で新規にワークブックを作成し、ターミナルにシート名の一覧を表示しています。

　なお、シート名の一覧を取得するには **sheetnames** プロパティを使います。 **sheet
names** プロパティの書式は次の通りです。

　リスト = ワークブック.sheetnames

SECTION-009

複数のワークブックを1つのワークブックに
まとめる

　ここでは、複数のワークブックをワークシート名が重複しなければ1つのワークブックに
結合する方法を解説します。

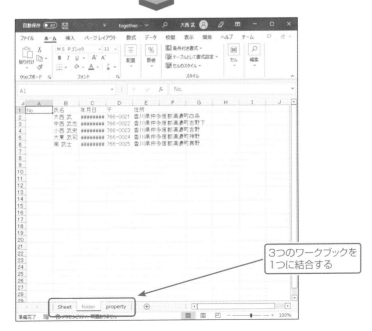

3つのワークブックを
1つに結合する

02
ワークブック

SAMPLE CODE 「together.py」のコード

```python
# xlsxファイルを扱うライブラリを読み込む
import openpyxl


# シートの追加関数
def add_sheet(ws1,sn):
  # 「wb」変数を「add_sheet」関数内でも使うためにグローバル宣言する
  global wb
  # ワークシートを新規作成する
  ws2 = wb.create_sheet(title=sn)
  # ワークシートの各行をループする
  for row in ws1:
    # 行の各セルをループする
    for cell in row:
      # 新規ワークシートのセルの値に既存のワークシートの値を設定する
      ws2[cell.coordinate].value = \
        ws1[cell.coordinate].value


# ワークブックを新規作成する
wb = openpyxl.Workbook()
# 追加するワークブックのリストを宣言する
add = []
# 「add」リストに「filedlg.xlsx」を追加する
add.append(openpyxl.load_workbook("filedlg.xlsx"))
# 「add」リストに「folder.xlsx」を追加する
add.append(openpyxl.load_workbook("folder.xlsx"))
# 「add」リストに「property.xlsx」を追加する
add.append(openpyxl.load_workbook("property.xlsx"))
# 「add」リストをループする
for b in add:
  # 各ワークシート名をループする
  for s in range(0,len(b.sheetnames)):
    # フラグをFalseにする
    flg = False
    # ワークシート名を「sn1」変数に代入する
    sn1 = b.sheetnames[s]
    # 各ワークシート名をループする
    for sn2 in wb.sheetnames:
      # ワークシート名が同じかチェックする
      if sn1 == sn2:
        # フラグをTrueにする
        flg = True
        # for文を抜け出る
```

▼

```
        break
    # フラグがFalseの場合
    if flg == False:
        # シート追加関数を呼び出す
        add_sheet(b.worksheets[s],sn1)
# ワークブックを「together.xlsx」に保存する
wb.save("together.xlsx")
```

ONEPOINT 　他のワークブックのワークシートを結合するにはセルの値をコピーする

　「openpyxl」ライブラリでは、ワークブック間でのワークシートの移動やコピーを直接行うことができません。ワークブック間でワークシートをコピーするには、サンプルのように、コピー元のワークシートと同名のワークシートを作成し、ループ処理によって各セルの値をコピーします。

　サンプルでは読み込むワークブックを add リストに代入し、それらを1つのワークブック wb 変数にまとめています。 add リストと wb 変数のワークシート名が同じものがある場合は flg 変数が True になり、ワークブックごとに False だったら add_sheet 関数で wb にワークシートを追加します。

　セル番地（たとえば「A1」など）を取得するには coordinate プロパティを使います。このプロパティは値の取得のみで代入はできません。 coordinate プロパティの書式は次の通りです。

　変数 = セル.coordinate

　セルに値を設定するには、次のように value プロパティを使います。 value プロパティの書式は次の通りです。

　ワークシート[セル番地].value = 値

　value プロパティは指定したセルの値を取得することもできます。 value プロパティの書式は次の通りです。

　変数 = ワークシート[セル番地].value

関連項目 ▶ ▶ ▶

CHAPTER 03

ワークシート

SECTION-010
指定したワークシートが存在しないときに
ワークシートを作る

　ここでは、指定した名前のワークシートが存在しない場合、ワークシートを新規作成する方法を解説します。

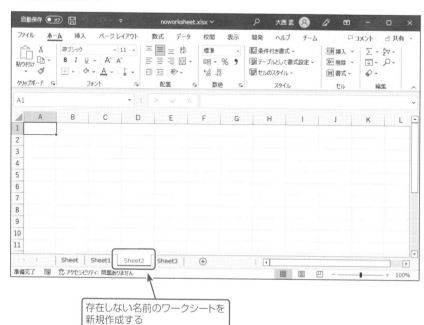

存在しない名前のワークシートを
新規作成する

SAMPLE CODE 「noworksheet.py」のコード

```python
# xlsxファイルを扱うライブラリを読み込む
import openpyxl

# ワークブックを読み込む
wb = openpyxl.load_workbook("noworksheet.xlsx")
# 暫定的に新規ワークシート名を「name」変数に代入する
name = "Sheet"
# ワークシートを取得する
ws = wb[name]
# デフォルトのワークシート名を「sn2」変数に代入する
sn2 = name
# 1～100未満をループする
for i in range(1,100):
  # フラグをFalseに設定する
  flg = False
```

```
  # ワークシート名をループする
  for sn1 in wb.sheetnames:
    # ワークシート名「sn1」が「sn2」変数と同じ場合
    if sn1 == sn2:
      # フラグをTrueに設定する
      flg = True
      # for文を抜け出す
      break
  # ワークシートを新規作成した場合
  if flg == False:
    # 新規作成するシート名が「name」変数と違う場合
    if sn2 != name:
      # ワークシートを新規作成する
      ws = wb.create_sheet(title=sn2)
    # for文を抜け出す
    break
  # 新規ワークシート名の「name1」～を「sn2」変数に代入する
  sn2 = name + str(i)
# ワークブックを保存する
wb.save("noworksheet2.xlsx")
```

ONEPOINT **ワークシートを新規に作成するには「create_sheet」メソッドを使う**

　ワークシートを新規に作成するには create_sheet メソッドを使います。 title 引数でシート名を付けます。 create_sheet メソッドの書式は次の通りです。

　変数 = ワークブック.create_sheet(title)

　サンプルでは、sheetnames プロパティでワークシート名の一覧を取得し、for 文でSheet、Sheet1、Sheet2、...という名前ですでにワークシートが存在しないか調べています。ワークシート名がすでに存在した場合は新規作成したワークシートを ws 変数に取得し、それ以外は name 変数のワークシートを ws 変数に取得しています。

　なお、数値を文字列に変換する str 関数の書式は次の通りです。

　変数 = str(数値)

関連項目 ▶ ▶ ▶

● 存在しないワークブックを開くと新規にワークブックを作成する‥‥‥‥‥‥ p.45

ワークシート名でソートする

ここでは、ワークシートをソート（並び替え）する方法を解説します。

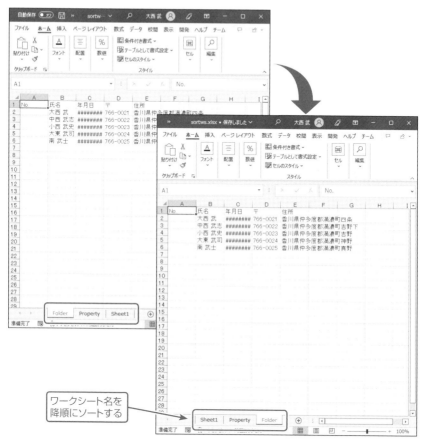

ワークシート名を
降順にソートする

SAMPLE CODE 「sortws.py」のコード

```python
# xlsxファイルを扱うライブラリを読み込む
import openpyxl

# ワークブックを新規作成する
new_wb = openpyxl.Workbook()
# ワークブックを読み込む
wb = openpyxl.load_workbook("sortws.xlsx")
# ワークブックのワークシートの名前一覧を取得する
sn = wb.sheetnames
```

```
# リストを降順でソートする
sn_sort = sorted(sn, reverse=True)
# ワークシート名をforループする
for name in sn_sort:
    # 新規にワークシートを作成する
    new_ws = new_wb.create_sheet(title = name)
    # コピー元のワークシートを取得する
    ws = wb[name]
    # コピー元のワークシートの各行をループする
    for row in ws:
        # ワークシートの行の各セルをループする
        for cell in row:
            # コピー元から新規ワークシートへセルをコピーする
            new_ws[cell.coordinate].value = cell.value
# 新規作成したワークブックからデフォルトのワークシートを削除する
del new_wb["Sheet"]
# 新規作成したワークブックを"sortws.xlsx"に保存する
new_wb.save("sortws2.xlsx")
```

HINT
sorted 関数がソートしたリストを戻り値で返すのに対し、sort メソッドはもとのリスト自体の中身をソートします。

ONEPOINT　ワークシート名でソートするには新規ワークシートにセルをコピーする

　　ワークシートをソートする前にまずワークブックが持つワークシート名の一覧を取得してソートします。ただし、ワークシート名を並び替えるだけではワークシートの順番は変わりません。「openpyxl」ライブラリにはワークシートを並び替える（移動する）メソッドなどは用意されていないため、ワークシート名から新規のワークシートに名前とそのワークシートのセルをすべてコピーしなければシートの並び替えは完了しません。

　　ここでは sn_sort リストに並び替えたワークシート名を取得します。ワークシート new_ws 変数に sn_sort リストの順にセルをコピーして、ワークブック new_wb 変数にワークシートを新規作成します。

　　取得したワークシート名をソートするには sorted 関数を使います。sorted 関数の書式は次の通りです。

　　リスト2 = sorted(リスト1, reverse=True)

　　リスト1 をソートした結果を リスト2 に代入します。reverse 引数が True なら降順にソートし、省略すると昇順にソートします。

| COLUMN | ワークシートを削除するには |

　サンプルでは新規作成したワークブックからデフォルトのワークシートを削除しています。オブジェクトを削除する **del** 文の書式は次の通りです。

del オブジェクト

| COLUMN | xlsxファイルへの保存時のエラー |

　ターミナルに次のようなエラーが出たら、それは書き込もうとしているxlsxファイルがExcel本体で開かれているため上書きに失敗しています。この場合、Excel本体でそのファイルを閉じてください。

```
Traceback (most recent call last):
  File "c:\Users\Vexil\Documents\OpenPyXL\OpenPyXLSamples\Chapter03\
sortws.py", line 27, in <module>
    new_wb.save("sortws2.xlsx")
  File "C:\Users\Vexil\AppData\Local\Programs\Python\Python311\Lib\
site-packages\openpyxl\workbook\workbook.py", line 407, in save
    save_workbook(self, filename)
  File "C:\Users\Vexil\AppData\Local\Programs\Python\Python311\Lib\
site-packages\openpyxl\writer\excel.py", line 291, in save_workbook
    archive = ZipFile(filename, 'w', ZIP_DEFLATED, allowZip64=True)
              ^^^^^^^^^^^^^^^^^^^^^^^^^^^^^^^^^^^^^^^^^^^^^^^^^^^^^^^
  File "C:\Users\Vexil\AppData\Local\Programs\Python\Python311\Lib\
zipfile.py", line 1281, in __init__
    self.fp = io.open(file, filemode)
              ^^^^^^^^^^^^^^^^^^^^^^^
PermissionError: [Errno 13] Permission denied: 'sortws2.xlsx'
```

関連項目 ▶ ▶ ▶

名前を変更してワークシートを複製する

ここでは、ワークシートを別名のワークシートに複製する方法を解説します。

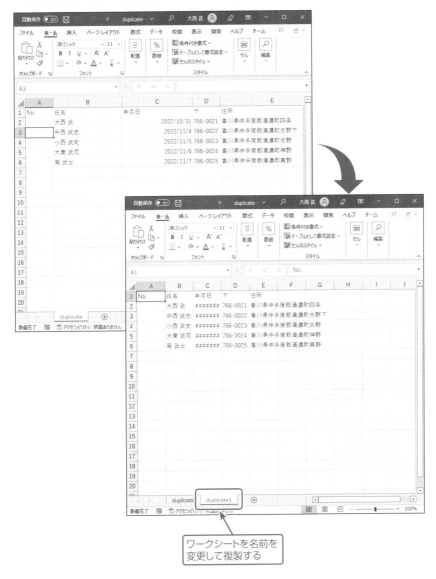

ワークシートを名前を
変更して複製する

SAMPLE CODE 「copyws.py」のコード

```python
# xlsxファイルを扱うライブラリを読み込む
import openpyxl

# シートの追加関数
def add_sheet(ws1,sn):
    # 「wb」変数をadd_sheet関数内でも代入できるようにする
    global wb
    # ワークシートを新規作成する
    ws2 = wb.create_sheet(title=sn)
    # ワークシートの各行をループする
    for row in ws1:
        # 行の各セルをループする
        for cell in row:
            # ワークシートにセルを追加する
            ws2[cell.coordinate].value = \
                ws1[cell.coordinate].value

# ワークブックを読み込む
wb = openpyxl.load_workbook("copyws.xlsx")
# 1つ目のワークシート名を取得する
sn1 = wb.sheetnames[-1]
# 各ワークシート名をループする
for i in range(1,10000):
    # シート名に番号を付ける
    sn2 = sn1 + str(i)
    # フラグをFalseに設定する
    flg = False
    # 各ワークシート名をループする
    for sn3 in wb.sheetnames:
        # ワークブックのワークシート名が同じ場合
        if sn2 == sn3:
            # フラグをTrueに設定する
            flg = True
            # for文を抜け出す
            break
    # フラグがFalseの場合
    if flg == False:
        # シート追加関数を呼び出す
        add_sheet(wb[sn1],sn2)
        # for文を抜け出す
        break
# ワークブックを"copyws.xlsx"に保存する
wb.save("copyws2.xlsx")
```

ONEPOINT	ワークシートを複製するには新規ワークシートを作成して セルをコピーする

　ワークシートを複製するにはワークブックに存在しない名前でワークシートを新規作成して、そこにすべてのセルをコピーします。

　ここではワークブックが有する最後のワークシート名に文字列「1～」を付け足してすでに存在しないワークシート名を探して、新規にワークシートを作成します。

　同名のワークシートが存在しなければ **break** 文で **for** ループを抜け出します。**break** しないと何個もワークシートが作成されてしまいます。

　リストの最後の要素を取得するには **[-1]** と書きます。リストの最後の要素を取得する書式は次の通りです。

リストの最後の要素 ＝ リスト名[-1]

関連項目 ▶ ▶ ▶

- 複数のワークブックを1つのワークブックにまとめる　…………………………… p.47

空のワークシートだけ削除する

　ここでは、ワークブックが所持するワークシートの中で何もデータが存在しない空のワークシートだけ削除する方法を解説します。

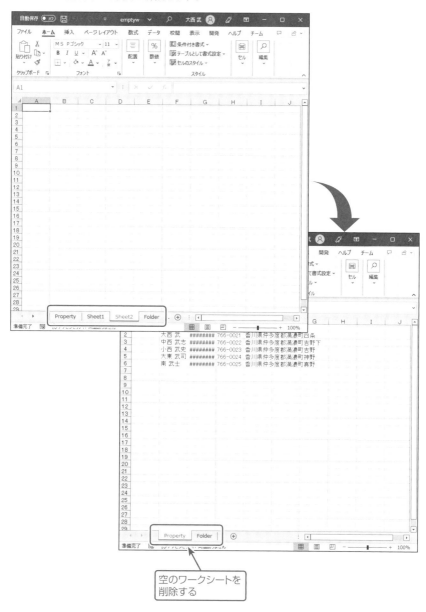

空のワークシートを
削除する

SAMPLE CODE 「empthws.py」のコード

```python
# xlsxファイルを扱うライブラリを読み込む
import openpyxl

# セルが存在するか調べる関数
def check_ws(ws):
    # ワークシートの行をループする
    for row in ws:
        # 行のセルをループする
        for cell in row:
            # セルが存在したら戻り値Trueを返す
            return True
    # セルが1つも存在しなければ戻り値Falseを返す
    return False

# ワークブックを読み込む
wb = openpyxl.load_workbook("emptyws.xlsx")
# 各ワークシート名をループする
for sn in wb.sheetnames:
    # セルが空(から)の場合
    if check_ws(wb[sn]) == False:
        # ワークシートを削除
        del wb[sn]

# ワークブックを"emptyws.xlsx"に保存する
wb.save("emptyws2.xlsx")
```

H I N T

この **check_ws** 関数ではセルが存在しない場合をチェックしますが、行が存在しないだけでもセルが存在しないことになります。

ONEPOINT ワークシートを削除するには「del」文を使う

　何もないワークシートを削除するには、ワークブックのすべてのワークシートを取得して、それぞれ空か調べて空なら削除します。ワークシートを名前で取得するのは、ワークシートのインデックス番号で取得すると削除したときにインデックス番号がずれるからです。サンプルでは **check_ws** 関数でセルが存在するか調べています。戻り値が **True** ならセルが存在し、**False** ならセルが存在しません。

　ワークシートを削除するには **del** 文を使います。辞書型の **del** 文の書式は次の通りです。

```
del ワークブック名[ワークシート名]
```

重複するワークシートを探す

　ここでは、2つずつワークシートの内容が一致するか調べてターミナルに表示する方法を解説します。

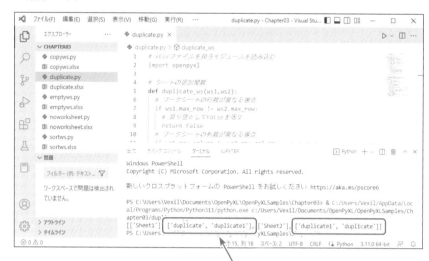

ターミナルに重複するワークシート名をリストで表示する

SAMPLE CODE 「duplicate.py」のコード

```python
# xlsxファイルを扱うライブラリを読み込む
import openpyxl

# シートの重複を調べる関数
def duplicate_ws(ws1,ws2):
    # ワークシートの行数が異なる場合
    if ws1.max_row != ws2.max_row:
        # 戻り値としてFalseを返す
        return False
    # ワークシートの列数が異なる場合
    if ws1.max_column != ws2.max_column:
        # 戻り値としてFalseを返す
        return False
    # ワークシートの各行をループする
    for row in ws1:
        # 行の各セルをループする
        for cell in row:
```

```
      # ワークシートのセルが異なる場合
      if ws2[cell.coordinate].value != \
        ws1[cell.coordinate].value:
        # 戻り値としてFalseを返す
        return False
   # 同一のワークシートしてTrueを返す
   return True

# ワークブックを読み込む
wb = openpyxl.load_workbook("duplicate.xlsx")
# 重複するワークシートのリスト
duplicate = []
# 各ワークシート名をループする
for sn1 in wb.sheetnames:
   # ワークシート名をリストに代入する
   dup = [sn1,]
   # 各ワークシート名をループする
   for sn2 in wb.sheetnames:
     # 同名のワークシートの場合
     if sn1 == sn2:
        # 後の処理をとばして次のforループから続ける
        continue
     # 重複ワークシートチェック関数を呼び出す
     if duplicate_ws(wb[sn1],wb[sn2]) == True:
        # 重複したワークシート名リストに追加する
        dup.append(sn2)
   # 重複をリストに追加する
   duplicate.append(dup)
# 重複したワークシートのリストをターミナルに表示する
print(duplicate)
```

ONEPOINT 　重複するワークシートを探すには行数・列数・セルの値を比較する

　ワークシートが重複しているかどうかは、行数や列数、セルの値を比較して判断します。サンプルでは duplicate_ws という関数を定義して行数や列数、セルの値を比較します。

　この関数ではまず行数を比較し、行数が違っていれば False (つまり重複していない)を返します。行数が同じ場合は列数を比較し、列数が違っていれば False (つまり重複していない)を返します。行数と列数が同じ場合は、同じセル番地の値を比較し、異なるセルがあれば False を返して処理を終えます。異なるセルがなければ同一と判断し、True を返します。

　ここでは [['Sheet1'], ['duplicate', 'duplicate1'], ['Sheet2'], ['duplicate1', 'duplicate']] というリストがターミナルに表示されます。つまり複数の要素があるリストの ['duplicate', 'duplicate1'] が重複するワークシートになります。

　行数を取得する max_row プロパティの書式は次の通りです。

　行数 = ワークシート.max_row

　列数を取得する max_column プロパティの書式は次の通りです。

　列数 = ワークシート.max_column

COLUMN 　最小行と最小列

　最大行と最大列だけでなく始まりの最小行と最小列も取得できます。最小行の min_row プロパティと最小列の min_column プロパティの書式は次の通りです。

　行数 = ワークシート.min_row
　列数 = ワークシート.min_column

関連項目 ▶ ▶ ▶

● 名前を変更してワークシートを複製する ……………………………………… p.57

アクティブなワークシートを設定する

ここでは、アクティブなワークシートを設定したり取得したりする方法を解説します。

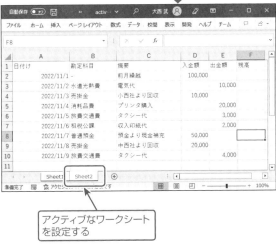

アクティブなワークシート
を設定する

03

ワークシート

SAMPLE CODE 「active.py」のコード

```
# xlsxファイルを扱うライブラリを読み込む
import openpyxl

# ワークブックを読み込む
wb = openpyxl.load_workbook("activews.xlsx")
# 2つ目のワークシートをアクティブに設定する
wb.active = wb["Sheet2"]
# アクティブなワークシートを取得する
ws = wb.active
# ワークブックを保存する
wb.save("activews2.xlsx")
```

ONEPOINT アクティブなワークシートを設定したり取得するには「active」プロパティを使う

　指定したワークシートをアクティブに設定するにはワークブックの **active** プロパティを使います。

　アクティブワークシートの **active** プロパティの書式は次の通りです。代入するワークシートは **ワークブック[ワークシート名]** などと書きます。

　ワークブック.active = **ワークシート**

　また、アクティブなワークシートを取得する **active** プロパティの書式は次の通りです。

　ワークシート = **ワークブック**.active

CHAPTER 04

セル

出納帳の収支からその行までの差引残高を入力する

ここでは、入金額と出金額から残高を計算する方法を解説します。

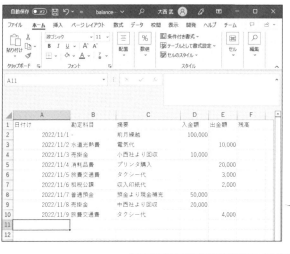

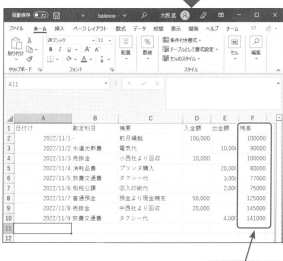

残高を計算する

SAMPLE CODE 「balance.py」のコード

```python
# xlsxファイルを扱うライブラリを読み込む
import openpyxl

# ワークブックを読み込む
wb = openpyxl.load_workbook("balance.xlsx")
# アクティブなワークシートを取得する
ws = wb.active
# 残高を0円に設定する
balance = 0
# 各ワークシート行数をループする
for row in range(2,ws.max_row+1):
  # 入金額を取得する
  payment = ws.cell(row,4).value
  # 入金額のセルが空の場合
  if payment == None:
    # 入金額を0円にする
    payment = 0
  # 出金額を取得する
  withdrawal = ws.cell(row,5).value
  # 出金額のセルが空の場合
  if withdrawal == None:
    # 出金額を0円にする
    withdrawal = 0
  # 残高を計算する
  balance += int(payment) - int(withdrawal)
  # 残高の列に代入する
  ws.cell(row,6).value = balance

# ワークブックを保存する
wb.save("balance2.xlsx")
```

┌─ H I N T ──────────────────────────────────────
　for row in range(2,ws.max_row+1): のレンジ(範囲)を2から始めることで、
1行目のヘッダーをスキップします。
└──

ONEPOINT	残高を計算するには残高に入金額を加算していき 出金額を減算していく

　出納帳の残高を計算するには、残高に出金額を加算して出金額を減算していくだけです。

　気を付けなければいけないのは、空のセルの場合は **0** ではなく **None** を取得するので数値計算ができません。そこで空のセルの場合は入金額(**payment** 変数)や出金額(**withdrawal** 変数)に数値の **0** を代入します。

　ここでは2行目から行ごとに残高 **balance** 変数に入金額 **payment** 変数を加算していき、出金額 **withdrawal** 変数を減算していった数値を、残高列の各セルに代入します。

　指定したセルの値を取得する **value** プロパティの書式は次の通りです。**cell** メソッドの引数に行と列を指定します。

　変数 = ワークシート.cell(行の引数,列の引数).value

　また、指定したセルに値を代入する **value** プロパティの書式は次の通りです。**cell** メソッドの引数に行と列を指定します。

　ワークシート.cell(行の引数,列の引数).value = 値

　文字列を数値に変換する **int** 関数の書式は次の通りです。

　数値 = int(文字列)

04
セル

1行おきに空白行を挿入する

ここでは、1行おきに空白行を挿入する方法を解説します。

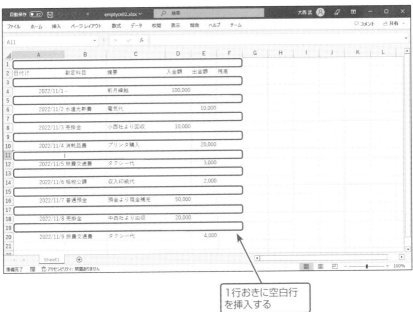

1行おきに空白行
を挿入する

SAMPLE CODE 「emptycell.py」のコード

```python
# xlsxファイルを扱うライブラリを読み込む
import openpyxl

# ワークブックを読み込む
wb = openpyxl.load_workbook("emptycell.xlsx")
# アクティブなワークシートを取得する
ws = wb.active
# 最大行～1まで逆順にループする
for row in range(1,ws.max_row+1)[::-1]:
    # 空の行を挿入する
    ws.insert_rows(row)
# ワークブックを保存する
wb.save("emptycell2.xlsx")
```

ONEPOINT 1行おきに空白行を挿入するには「insert_rows」メソッドを使って最大行から処理する

　ワークシートに行を挿入するには insert_rows メソッドを使います。

　1行ごとに空白行を挿入する場合、先頭から処理をすると行がずれるため、最大行から逆順にループして処理します。最大行を取得するには max_row プロパティを使います。

　insert_rows メソッドの書式は次の通りです。引数には挿入する行番号を指定します。「row」とは「行」という意味です。

　ワークシート.insert_rows(引数)

　for ループは小さい順にループするだけでなく、大きい順に逆ループすることもできます。逆ループの for 文の書式は次の通りです。

　for 変数 in range(最初,最後)[::-1]:

COLUMN	1列おきに空白列を挿入するには

　ワークシートに空白列を挿入するには **insert_cols** メソッドを使います。引数には挿入する列番号を指定します。「col(column)」とは「列」という意味です。**insert_cols** メソッドの書式は次の通りです。

ワークシート.insert_cols(引数)

　1列おきに空白列を挿入するコードの例は次の通りです。

SAMPLE CODE 「emptycell2.py」のコード

```python
# xlsxファイルを扱うライブラリを読み込む
import openpyxl

# ワークブックを読み込む
wb = openpyxl.load_workbook("emptycell2.xlsx")
# アクティブなワークシートを取得する
ws = wb.active
# 最大列～1まで逆順にループする
for col in range(1,ws.max_column+1)[::-1]:
    # 空の列を挿入する
    ws.insert_cols(col)
# ワークブックを保存する
wb.save("emptycell3.xlsx")
```

04
セル

セルを範囲指定して「1」からの連番を入力する

ここでは、A列の「No.」列に1から始まる連番を入力する方法を解説します。

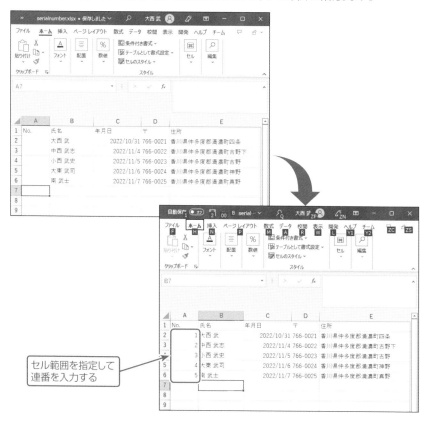

セル範囲を指定して
連番を入力する

SAMPLE CODE 「serialnumber.py」のコード

```python
# xlsxファイルを扱うライブラリを読み込む
import openpyxl

# ワークブックを読み込む
wb = openpyxl.load_workbook("serialnumber.xlsx")
# アクティブなワークシートを取得する
ws = wb.active
# 連番の最初の番号を代入する
index = 1
```

```
# 各ワークシート行数をループする
for row in ws["A2":"A6"]:
  # 行からセルをループする
  for cell in row:
    # 連番を入力する
    cell.value = index
  # 連番をインクリメントする
  index += 1
# ワークブックを保存する
wb.save("serialnumber2.xlsx")
```

ONEPOINT セルに連番を入力するには「for」文でインクリメントする

　各行のA列のセルに「1」から順番に番号の数値を入力するには、for 文を使ってインクリメントしながら入力します。セルに入力する連番は index 変数で初期値を 1 とし、1ずつ加算しています。

　入力先のセルの指定は、サンプルでは for 文でワークシートのセル範囲から1行ずつレコードを取得します。ワークシートのセルを範囲を取得するには、たとえばワークシート変数の ws["A2":"A6"] などと書きます。for 文の書式は次の通りです。

　for 変数 in ワークシート[開始セル:終了セル]:

　サンプルでは1行目がヘッダー行なのでデータは2行目から1番が始まるため、開始セルに "A2" を指定しています。終了セルには "A6" を指定しています。for ループの変数には各行のリストが代入されます。

連続して同じ名前の行のセルを結合する

ここでは、続けて行の値が同じセルを結合する方法を解説します。

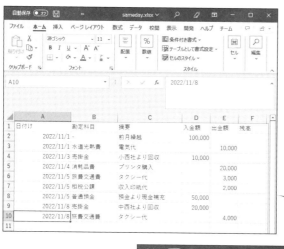

連続する同じ値の
セルを結合する

04
セル

SAMPLE CODE 「sameday.py」のコード

```python
# xlsxファイルを扱うライブラリを読み込む
import openpyxl

# ワークブックを読み込む
wb = openpyxl.load_workbook("sameday.xlsx")
# アクティブなワークシートを取得する
ws = wb.active
# 1つ前のループの時のセルの値を設定する
pre_cell = None
# 同一セルの開始を設定する
start_row = 0
# フラグをなしに設定する
flg = False
# 2行目からループする
for i in range(2,ws.max_row+2):
    # 現在の行のセルの値を取得する
    current_cell = ws.cell(i,1).value
    # 現在のセルと前回のセルの値が同じ場合
    if current_cell == pre_cell:
        # フラグがなしの場合
        if flg == False:
            # 同一セルの開始の行番号を設定する
            start_row = i-1
        # フラグをありにする
        flg = True
    # フラグがありの場合
    elif flg == True:
        # セルを結合する
        ws.merge_cells(start_row=start_row,
            start_column=1,end_row=i-1,end_column=1)
        # フラグをなしに設定する
        flg = False
    # 前回のセルの値を現在のセルの値に設定する
    pre_cell = current_cell
# ワークブックを保存する
wb.save("sameday2.xlsx")
```

ONEPOINT セルを結合するには「merge_cells」メソッドを使う

　セルを結合するには merge_cells メソッドを使います。 start_row 引数が開始行、start_column が開始列、end_row が終了行、end_column が終了列です。 merge_cells メソッドの書式は次の通りです。

　ワークシート.merge_cells(start_row,start_column,end_row,end_column)

　サンプルでは連続する同じ日付のセルをすべて結合するため、前回の行のセルの値 pre_cell 変数と現在の行のセルの値 current_cell 変数を比較し、等しいか調べています。

　また、フラグ flg 変数を使っていますが、これは3つ以上同じ日付のセルが続いた場合に同時にそれらを結合するためです。いくつ結合する行が連続してあっても start_row が結合する最初の行番号になります。

COLUMN セルを結合を解除するには

　セルの結合を解除するには unmerge_cells メソッドの引数に "A6:A8" などのようにセルの範囲を指定します。 unmerge_cells メソッドの書式は次の通りです。

　ワークシート.unmerge_cells(範囲)

　具体的なコードは次の通りです。

SAMPLE CODE 「unmerge.py」のコード

```
# xlsxファイルを扱うライブラリを読み込む
import openpyxl

# ワークブックを読み込む
wb = openpyxl.load_workbook("unmerge.xlsx")
# アクティブなワークシートを取得する
ws = wb.active
# セルを結合を解除する
ws.unmerge_cells("A6:A8")
# ワークブックを保存する
wb.save("unmerge2.xlsx")
```

列の幅と行の高さを変更する

ここでは、ワークシートの列の幅と行の高さを変更する方法を解説します。

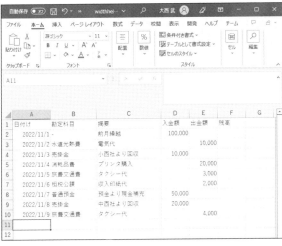

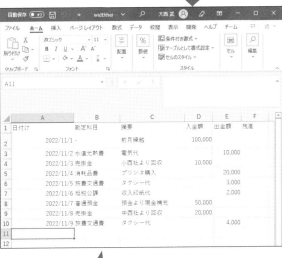

ワークシートの列幅と
行高さを設定する

SAMPLE CODE 「widthheight.py」のコード

```python
# xlsxファイルを扱うライブラリを読み込む
import openpyxl

# ワークブックを読み込む
wb = openpyxl.load_workbook("widthheight.xlsx")
# アクティブなワークシートを取得する
ws = wb.active
# A列の幅を160ピクセルに設定する
ws.column_dimensions["A"].width = 160/8
# 2行目の高さを40ピクセルに設定する
ws.row_dimensions[2].height = 40*3/4
# ワークブックを保存する
wb.save("widthheight2.xlsx")
```

04
セル

ONEPOINT 列の幅と行の高さを変えるには
「width」プロパティと「height」プロパティを使う

　特に別のワークシートにセルをコピーしたときなど、セルの幅と高さはデフォルトのままです。そこでセルの幅は width プロパティ、高さは height プロパティを使って設定します。

　サンプルではA列の幅を `ws.column_dimensions["A"].width = 160/8` で160ピクセルに、2行目の高さを `ws.row_dimensions[2].height = 40*3/4` で40ピクセルに設定します。

　列の幅を指定する width プロパティの書式は次の通りです。列には **"A"** などと列のアルファベットを指定します。代入する数値を **8** で除算した数値がピクセルサイズの幅になります。

　ワークシート.column_dimensions[列].width = ピクセル幅/8

　また、行の高さを変えるには行の整数番号を設定します。 height プロパティの書式は次の通りです。代入する数値を3/4倍した数値がピクセルサイズの高さになります。

　ワークシート.row_dimensions[行].height = ピクセル高さ*3/4

　なお、column_dimensions は指定した列を設定するプロパティ、row_dimensions は指定した行を設定するプロパティです。

COLUMN	ワークシートの列幅を自動設定するには

　ワークシートの幅をセルの文字列がピッタリ入るように設定するには、文字数を2.07倍した幅のサイズがちょうどです。

　具体的なコードは次のようになります。

SAMPLE CODE 「autowidth.py」のコード

```
ワークシート.column_dimensions[列].width = \
  len(ワークシート.cell(行,列).value)*2.07
```

04
セ
ル

顧客名簿の重複する行を検索して
グレーで塗りつぶす

ここでは、顧客名簿の行同士を比較してまったく同じ行をグレーで塗りつぶす方法を解説します。

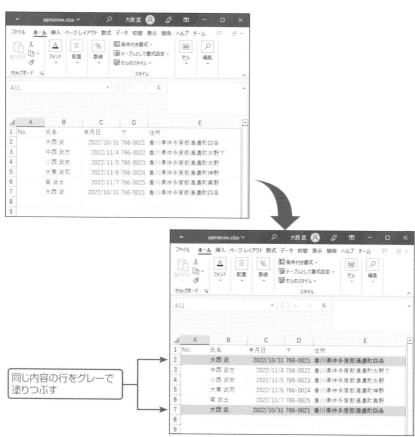

同じ内容の行をグレーで塗りつぶす

SAMPLE CODE 「samerow.py」のコード

```python
# xlsxファイルを扱うライブラリを読み込む
import openpyxl
# 塗りつぶしパターンのモジュールを読み込む
from openpyxl.styles import PatternFill

# ワークブックを読み込む
wb = openpyxl.load_workbook("samerow.xlsx")
```

```python
# アクティブなワークシートを取得する
ws = wb.active
# グレーの塗りつぶしパターンを設定する
fill = PatternFill(patternType='solid',fgColor='cccccc')
# 2〜最終行未満をforループする
for r1 in range(2,ws.max_row):
  # 3〜最終行までforループする
  for r2 in range(3,ws.max_row+1):
    # 同じ行番号の場合
    if r1 == r2:
      # 後ろの処理を飛ばしてforループを続ける
      continue
    # フラグをなしに設定する
    flg = False
    # 1〜最終列までforループする
    for c in range(1,ws.max_column+1):
      # 2つの行のセルが異なる場合
      if ws.cell(r1,c).value != ws.cell(r2,c).value:
        # フラグをありに設定する
        flg = True
        # for文を抜け出す
        break
    # フラグがなしの場合
    if flg == False:
      # 1〜最終列までforループする
      for col in range(1,ws.max_column+1):
        # 重複する行をfill変数で塗りつぶす
        ws.cell(r1,col).fill = fill
        # 重複する行をfill変数で塗りつぶす
        ws.cell(r2,col).fill = fill

# ワークブックを保存する
wb.save("samerow2.xlsx")
```

04
セル

ONEPOINT　セルをパターンで塗りつぶすには「PatternFill」クラスを使う

　セルをパターンで塗りつぶすには、塗りつぶすパターンを PatternFill クラスで作成し、作成したパターンをセルの fill プロパティに設定します。

　PatternFill クラスでは、patternType 引数にパターンを指定し、fgColor 引数に塗りつぶしの色を指定します。

　PatternFill クラスと fill プロパティの書式は次の通りです。

```
fill = PatternFill(patternType,fgColor)
ワークシート.cell(行,列).fill = fill
```

　サンプルでは行を比較し、同じ行をグレーで塗りつぶしています。2つの行を比較するとき、サンプルでは1行目がヘッダー行なので2行目から最終行までの各列の値がすべて同じ2つの行を探します。2つの行の同じ列のセルの値が1つでも異なればフラグを True にし、すべて同じならフラグは False のままです。フラグが False なら同一の2つの行の背景色をグレーにしています。

04
セル

COLUMN　「patternType」引数の設定値

　「patternType」引数に設定できる塗りつぶしパターンには、次の18個があります。

設定値	説明
solid	1色で塗りつぶし
lightGray	やや明るいグレー
gray125	ちょっと明るい点々のグレー
gray0625	明るい点々のグレー
mediumGray	中間色のグレー
darkGray	暗い縦線のグレー
darkUp	斜線の暗いグレー
lightTrellis	明るい点々のグレー
darkHorizontal	暗い横線のグレー
lightHorizontal	明るい横線のグレー
darkGrid	ちょっと暗い点々のグレー
lightUp	明るい斜線のグレー
darkDown	中間色の斜線のグレー
darkTrellis	暗い点々のグレー
lightGrid	大きい点々のグレー
lightVertical	明るい縦線のグレー
lightDown	やや明るい斜線のグレー
darkVertical	太い縦線のグレー

COLUMN	「fgColor」引数の設定値

　fgColor 引数には色を16進数で24bitの文字列で指定します。たとえば、"ff0000" は赤、"00ff00" は緑、"0000ff" は青になります。

関連項目 ▶ ▶ ▶

● 条件付き書式を指定して背景色を変える ……………………………………… p.86

04
セ
ル

条件付き書式を指定して背景色を変える

　ここでは、数値を元に書式指定、つまりグラデーションバーやアイコンやカラーをセルにつける方法を解説します。

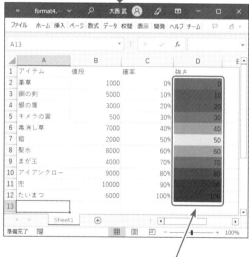

数値に応じて背景色を変更する
条件付き書式を設定する

SAMPLE CODE 「format.py」のコード

```python
# xlsxファイルを扱うライブラリを読み込む
import openpyxl
# アイコンとカラーの書式設定に必要なクラスを読み込む
from openpyxl.formatting.rule import ColorScaleRule

# ワークブックを読み込む
wb = openpyxl.load_workbook('format.xlsx')
# アクティブなワークシートを取得する
ws = wb.active
# カラーで塗りつぶすルールを指定する
rule_color = ColorScaleRule(
    start_type='min',start_value=None,start_color='ff0000',
    mid_type='percentile', mid_value=50, mid_color='00ff00',
    end_type='max', end_value=None, end_color='0000ff')
# カラーで条件付き書式を適用する
ws.conditional_formatting.add("D2:D12", rule_color)
# ワークブックを保存する
wb.save('format2.xlsx')
```

04
セル

ONEPOINT | セルの背景色を変える条件付き書式を設定するには
「ColorScaleRule」クラスを使う

　条件付き書式を設定するには ColorScaleRule クラスを使います。

　選択範囲の数値の分布を色分けした背景色で表示するには ColorScaleRule クラスでルールを決めて、ワークシートの conditional_formatting.add メソッドで範囲とルールを指定すれば選択範囲に数値を可視化した背景色が表示されます。

　ここではD列に範囲指定した中で、数値が大きくなるほど青い背景色になり、小さくなるほど赤い背景色になり、中央の50(mid_value)に近いほど緑色になります。

　ColorScaleRule クラスでルールを決めて背景色を塗り分ける準備をします。ColorScaleRule クラスの書式は次の通りです。

```
変数 = ColorScaleRule(
    start_type,start_value,start_color,
    mid_type, mid_value, mid_color,
    end_type,end_value,end_color)
```

各引数は下表の通りです。

引数	説明
start_type	開始のタイプ
start_value	開始時の値
start_color	開始時の色
mid_type	中央時のタイプ
mid_value	中央になる値
mid_color	中央時の色
end_type	終了時のタイプ
end_value	終了時の値
end_color	終了時の色

conditional_formatting.add メソッドで選択範囲を決めてルールを適用します。add メソッドの書式は次の通りです。「範囲」引数に "B2:B12" などとセル範囲を、「ルール」引数に ColorScaleRule のインスタンスを指定します。

ワークシート.conditional_formatting.add(範囲,ルール)

COLUMN 「IconSetRule」クラスを使うと
色違いのアイコンを付ける条件付き書式を設定できる

色違いのアイコンをつける条件付き書式を設定するには IconSetRule クラスを使います。

選択範囲の数値の分布を色分けしたアイコンで表示するには IconSetRule クラスでルールを決めて、ワークシートの conditional_formatting.add メソッドで範囲とルールを指定すれば選択範囲に数値を可視化したアイコンが表示されます。

ここではC列に範囲指定した中で、確率が高くなるほど緑色のアイコンになり、確率が低くなるほど赤いアイコンになります。

IconSetRule クラスでルールを決めてアイコンに色を分ける準備をします。IconSetRule クラスの書式は次の通りです。

変数 = IconSetRule(icon_style,type,values,showValue,reverse)

各引数は下表の通りです。

引数	説明
icon_style	アイコンのスタイル
type	数値のタイプ
values	データの分布の区切り値
showValue	数値を表示するか
reverse	大小の順番を逆にするか

具体的なコードは次のコードの通りです。

SAMPLE CODE 「format2.py」のコード

```python
# xlsxファイルを扱うライブラリを読み込む
import openpyxl
# アイコンとカラーの書式設定に必要なクラスを読み込む
from openpyxl.formatting.rule import IconSetRule

# ワークブックを読み込む
wb = openpyxl.load_workbook('format.xlsx')
# アクティブなワークシートを取得する
ws = wb.active
# アイコンを付けるルールを指定する
rule_icon = IconSetRule(
  icon_style='3TrafficLights1',type='percent',
  values=[0, 34, 68], showValue=None, reverse=None)
# アイコンで条件付き書式を適用する
ws.conditional_formatting.add("C2:C12", rule_icon)
# ワークブックを保存する
wb.save('format3.xlsx')
```

上記のコードを実行すると、次のようになります。

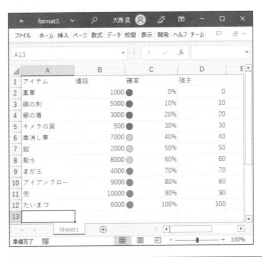

| COLUMN | データバーを使うとグラデーションする条件付き書式を設定できる |

データバーを利用した条件付き書式を設定するには DataBar クラスを使います。
　選択範囲の数値の分布をグラデーションしたバーで表示するには DataBar クラスのインスタンスを Rule クラスでルールを決めて、ワークシートの conditional_formatting.add メソッドで範囲とルールを指定すれば選択範囲に数値を可視化したバーが表示されます。
　ここではB列に範囲指定した中で、数値が大きいほどグラデーションバーが長くなり、数値が小さいほどグラデーションバーが短くなります。
　FormatObject クラスで書式のタイプを準備します。FormatObject クラスの書式は次の通りです。type 引数は数値のタイプで、たとえば min なら最小値、max なら最大値を指します。

変数 = FormatObject(type)

　DataBar クラスでグラデーションするデータバーのインスタンスを生成します。DataBar クラスの書式は次の通りです。

変数 = DataBar(cfvo,color,showValue,minLength,maxLength)

　各引数は下表の通りです。

引数	説明
cfvo	データの始まりと終わり
color	色
showValue	数値を表示するか
minLength	最小の幅
maxLength	最大の幅

　Rule クラスでルールを決めてグラデーションの幅を準備します。Rule クラスの書式は次の通りです。type 引数にルールの種類を、dataBar 引数に DataBar クラスのインスタンスを指定します。

変数 = Rule(type, dataBar)

　具体的なコードは次の通りです。

SAMPLE CODE 「format3.py」のコード
```
# xlsxファイルを扱うライブラリを読み込む
import openpyxl
# DataBarの書式設定に必要なクラスを読み込む
from openpyxl.formatting.rule import DataBar,Rule,FormatObject

# ワークブックを読み込む
```

```
wb = openpyxl.load_workbook('format.xlsx')
# アクティブなワークシートを取得する
ws = wb.active
# データバーの基準データの属性を最小値とする
min = FormatObject(type='min')
# データバーの基準データの属性を最大値とする
max = FormatObject(type='max')
# 「DataBar」クラスを設定してオブジェクトを生成する
data_bar = DataBar(cfvo=[min, max], color="999999",
    showValue=None, minLength=None, maxLength=None)
# グラデーションを付けるルールを指定する
rule = Rule(type='dataBar', dataBar=data_bar)
# グラデーションで条件付き書式を適用する
ws.conditional_formatting.add("B2:B12", rule)
# ワークブックを保存する
wb.save('format4.xlsx')
```

上記のコードを実行すると、次のようになります。

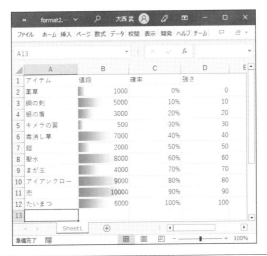

関連項目 ▶ ▶ ▶

● 顧客名簿の重複する行を検索してグレーで塗りつぶす ………………………… p.82

セルの値にハイパーリンクを設定する

　ここでは、セルの文字列にハイパーリンクを設定して、Excel本体でWebブラウザなど
にリンクできるようにする方法を解説します。

セルの文字列にハイパーリンク
を設定する

SAMPLE CODE 「hyperlink.py」のコード

```python
# xlsxファイルを扱うライブラリを読み込む
import openpyxl

# ワークブックを新規作成する
wb = openpyxl.Workbook()
# アクティブなシートを取得する
ws = wb.active
# A1のセルに文字列を入力する
ws["A1"].value = "balance.xlsx"
# A1のセルの文字列にファイルへのリンクを貼る
ws["A1"].hyperlink = "balance.xlsx"
# A2のセルに"vexil.jp"の文字列を入力する
ws.cell(row=2, column=1).value = "vexil.jp"
# A2のセルに"https://vexil.jp"へのリンクを貼る
ws.cell(row=2, column=1).hyperlink = "https://vexil.jp/"
# ワークブックを保存する
wb.save('hyperlink.xlsx')
```

HINT

　ワークシート[セル番号] と **ワークシート.cell(行,列)** は同じようにセルを取得
できます。ただし、セル番号は **"A1"** などと指定します。

04
セル

| ONEPOINT | ハイパーリンクを設定するには「hyperlink」プロパティを使う |

文字をクリックしたらWebブラウザなどにリンクできる機能である「ハイパーリンク」を設定するには、セルの hyperlink プロパティを使います。

hyperlink プロパティの書式は次の通りです。リンク引数にはWebページのURLだけでなく、ローカルのファイル名も指定できます。

セル.hyperlink = **リンク**

サンプルではExcel本体で hyperlink.xlsx ファイルを開くと、セルA1の文字列をクリックしたら balance.xlsx を開き、セルA2の文字列をクリックしたらWebブラウザで https://vexil.jp を開くように設定しています。

| COLUMN | ハイパーリンクの解除 |

ハイパーリンクを解除するには、セルの hyperlink プロパティに **None** を代入します。

セル.hyperlink = None

| COLUMN | ハイパーリンクのアンダーラインについて |

Excel上でハイパーリンクを設定したらアンダーラインが付きますが、openpyxlでハイパーリンクを設定してもExcel上ではアンダーラインが付くことはありません。

文字の配置とインデントを設定する

ここでは、インデントを左に入れて、上下中央に整列する方法を解説します。

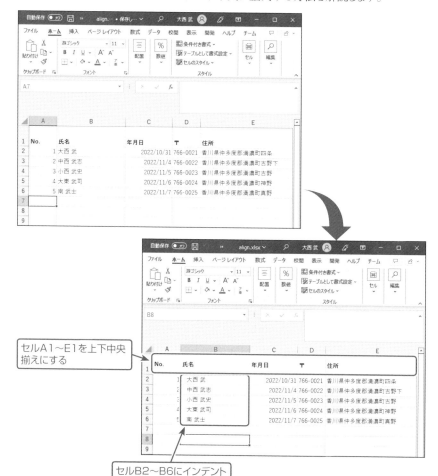

セルA1〜E1を上下中央揃えにする

セルB2〜B6にインデントを設定する

SAMPLE CODE　「align,py」のコード

```python
# xlsxファイルを扱うライブラリを読み込む
import openpyxl
# 整列を扱うモジュールを読み込む
from openpyxl.styles import Alignment

# ワークブックを読み込む
wb = openpyxl.load_workbook("align.xlsx")
# アクティブなワークシートを取得する
ws = wb.active
# B2～B6の各行をループする
for row in ws["B2:B6"]:
  # 各列をループする
  for cell in row:
    # 左にインデントを1入れて整列する
    cell.alignment = Alignment(horizontal="left",indent=1)
# A1～E1の各行をループする
for row in ws["A1:E1"]:
  # 各列をループする
  for cell in row:
    # 上下を中央に整列する
    cell.alignment = Alignment(vertical="center")
# ワークブックを保存する
wb.save("align2.xlsx")
```

04

セ
ル

ONEPOINT	文字の配置を設定するには「Alignment」クラスを使う

セルごとに値の文字を整列したいときには、**Alignment** クラスを使います。サンプルでは、セルB2〜B6にインデントを左に1入れて、セルA1〜E1を上下中央に整列しています。

セルの値を整列する **Alignment** クラスの書式は次の通りです。**horizontal** 引数は左右の整列で、**vertical** 引数は上下の整列です。**indent** は左か右に空白を入れて整列を指定します。

変数 = Alignment(horizontal,vertical,indent)

Alignment クラスの **horizontal** 引数の設定値は下表の通りです。「(インデント)」のある設定値は **indent** 引数の幅だけインデントします。

設定値	横位置
general	標準
left	左詰め(インデント)
center	中央揃え
right	右詰め(インデント)
fill	繰り返し
justify	両端揃え
centerContinuous	選択範囲内で中央
distributed	均等割り付け(インデント)

セルに整列を設定する **alignment** プロパティの書式は次の通りです。アラインメントは **Alignment** クラスのインスタンスを代入します。

セル.alignment = **アラインメント**

アクティブなセルを設定する

ここでは、アクティブなセルやセル範囲を設定したり取得したりする方法を解説します。

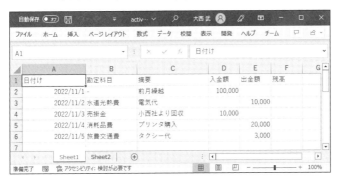

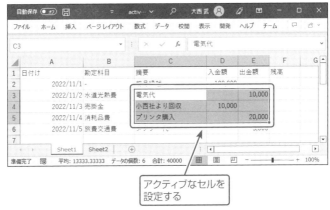

アクティブなセルを
設定する

SAMPLE CODE 「activecell.py」のコード

```python
# xlsxファイルを扱うライブラリを読み込む
import openpyxl

# ワークブックを読み込む
wb = openpyxl.load_workbook("activecell.xlsx")
# アクティブなワークシートを取得する
ws = wb.active
# シートビューを取得する
sv = ws.sheet_view
# アクティブセルを"C3"に設定する
sv.selection[0].activeCell = "C3"
```

▼

```
# 選択セル範囲を"C3"〜"E5"に設定する
sv.selection[0].sqref = "C3:E5"
# アクティブなセルを取得する
cell = ws.active_cell
# ワークブックを保存する
wb.save("activecell2.xlsx")
```

04
セ
ル

ONEPOINT | アクティブなセルを設定するにはシートビューを使う

　セルをアクティブに設定するには、シートビューを介して **sheet_view** プロパティを使います。シートビューはシートビューリスト(同一シートを複数のウィンドウで表示しているビューの一覧)の先頭ビューを指しています。

　サンプルでは、Sheet2をアクティブなワークシートにし、そのアクティブなシートのシートビューのセルC3をアクティブなセルに設定し、セルC3〜E5を選択セル範囲に設定しています。

　シートビューを取得する **sheet_view** プロパティの書式は次の通りです。

　変数 = ワークシート.sheet_view

　アクティブなセルを設定する **activeCell** プロパティの書式は次の通りです。セル番号は **"C3"** などと代入します。

　シートビュー.selection[0].activeCell = セル番号

　選択するセルまたはセル範囲を設定する **sqref** プロパティの書式は次の通りです。 **"C3"** などとセルを指定したり、セル範囲を **"C3:E5"** などと代入します。

　シートビュー.selection[0].sqref = セル範囲

ONEPOINT | アクティブなセルを取得するには「active_cell」プロパティを使う

　アクティブなセルを取得するにはワークブックの **active_cell** プロパティを使います。

　アクティブなセルを取得する **active_cell** プロパティの書式は次の通りです。このプロパティは読み取り専用で代入はできません。

　変数 = ワークシート.active_cell

CHAPTER 05

データ操作

姓名のセルのデータを
姓と名の2つのセルに分割する

　ここでは、各行のフルネームを姓と名に分割して2つのセルに入力する方法を解説します。

※ここでは姓と名の間に半角スペースが入力されていることを前提としています。

姓名を姓と名に
分割する

SAMPLE CODE 「name.py」のコード

```python
# xlsxファイルを扱うライブラリを読み込む
import openpyxl

# ワークブックを読み込む
wb = openpyxl.load_workbook("name.xlsx")
# アクティブなワークシートを取得する
ws = wb.active
# 2～7行未満をループする
for row in range(2,7):
    # 氏名を姓名の2つに分割する
    name = ws.cell(row,2).value.split(" ")
    # 姓をC列に入力する
    ws.cell(row,3).value = name[0]
    # 名をD列に入力する
    ws.cell(row,4).value = name[1]
# ワークブックを保存する
wb.save("name2.xlsx")
```

ONEPOINT 文字列を特定の文字で分割するには「split」メソッドを使う

　文字列を特定の文字で分割してリストに分けるには、**split** メソッドを使います。
　サンプルでは半角空白文字で区切り、セルB2の「大西　武」なら「大西」と「武」の2つの要素のに分割して **name** リストに代入しています。セルB2では同じ行のC列のセルに「大西」を、D列のセルに「武」を入力しています。このような処理をループ処理で繰り返しています。
　文字列を分割する **split** メソッドの書式は次の通りです。引数に指定した文字で文字列をリストに分割します。

　リスト = 文字列変数.split(引数)

データや書式をクリアする

　ここでは、すべてのセルの値だけ空にして、A列すべてのセルの書式をなしにする方法を解説します。

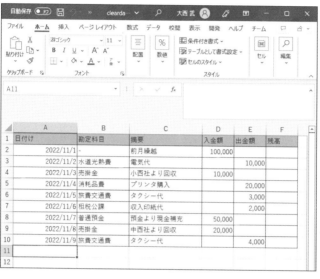

A列は書式も
クリアする

すべてのセルのデータを
クリアする

SAMPLE CODE 「cleardata.py」のコード

```python
# xlsxファイルを扱うライブラリを読み込む
import openpyxl
# 塗りつぶしパターンを扱うモジュールを読み込む
from openpyxl.styles import PatternFill

# ワークブックを読み込む
wb = openpyxl.load_workbook("cleardata.xlsx")
# アクティブなワークシートを取得する
ws = wb.active
# すべての行をループする
for row in ws:
    # すべての列をループする
    for cell in row:
        # セルの値をクリアする
        cell.value = None
# 空の塗りつぶしパターンを設定する
fill = PatternFill(fill_type = None)
# A列の1～10行をループする
for row in ws["A1:A10"]:
    # すべての列をループする
    for cell in row:
        # セルの整列をクリアする
        cell.alignment = None
        # セルの罫線をクリアする
        cell.border = None
        # セルの塗りつぶしをクリアする
        cell.fill = fill
        # セルのフォントをクリアする
        cell.font = None
        # セルの値をクリアする
        cell.value = None
# ワークブックを保存する
wb.save("cleardata2.xlsx")
```

HINT

Excel本体のように書式が空のセルをコピー&ペーストしたら簡単にセルの書式を空にできると思われるかもしれませんが、「openpyxl」ライブラリでは Cell は読み取り専用で書き込むことができないので空のセルを代入できません。

> **ONEPOINT** セルのデータをクリアするには
> 「value」プロパティに「None」を代入する

　整列や罫線や塗りつぶしやフォントの書式を残したまま、データのみをクリアするにはセルの value プロパティに None を代入します。

　サンプルでは、ワークシートのすべての行をループし、それぞれの行のすべての列をループして、セルの値を None（なし）に設定します。

　セルのデータのみをクリアする value プロパティの書式は次の通りです。

　セル.value = None

> **ONEPOINT** セルの書式をクリアするには
> セルの書式プロパティを「None」などにする

　整列や罫線、塗りつぶし、フォント、データのすべてをクリアするには、下表のようにセルの alignment プロパティ、border プロパティ、fill プロパティ、font プロパティ、value プロパティをクリアします。

セルのプロパティ	説明
alignment	整列
border	罫線
fill	塗りつぶし
font	フォント
value	値

　alignment プロパティ、border プロパティ、font プロパティ、value プロパティは None を代入するだけで書式をクリアできます。

　fill プロパティをクリアする書式は次の通りです。

```
from openpyxl.styles import PatternFill
セル.fill = PatternFill(fill_type = None)
```

　サンプルは、ワークシートのセルA1～A10までのA列のすべての行をループして、それぞれの行の1列目だけの書式をクリアしています。

関連項目 ▶ ▶ ▶

● 顧客名簿の重複する行を検索してグレーで塗りつぶす ……………………… p.82

SECTION-028

置換したセルの値のスタイルと斜体を
設定する

　ここでは、漢字の「満濃町」を「まんのう町」に置換して、置換したセルのスタイルのフォントを設定する方法を解説します。

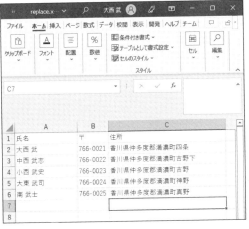

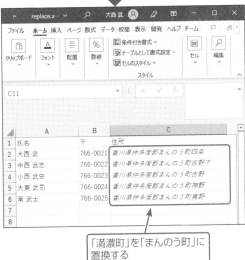

「満濃町」を「まんのう町」に
置換する

05

データ操作

SAMPLE CODE 「replace.py」のコード

```python
# xlsxファイルを扱うライブラリを読み込む
import openpyxl
# スタイルのフォントを扱うモジュールを読み込む
from openpyxl.styles import Font

# ワークブックを読み込む
wb = openpyxl.load_workbook("replace.xlsx")
# アクティブなワークシートを取得する
ws = wb.active
# スタイルのフォントを指定する
font = Font(name='游ゴシック',italic=True,color="0000ff")
# すべての行をループする
for row in ws:
  # すべての列をループする
  for cell in row:
    # セルの値を「val」変数に代入する
    val = cell.value
    #「val」変数に"満濃町"が含まれていた場合
    if "満濃町" in val:
      # "満濃町"を"まんのう町"に置換してセルに代入する
      cell.value = val.replace("満濃町","まんのう町")
      # セルのスタイルのフォントを設定する
      cell.font = font
# ワークブックを保存する
wb.save("replace2.xlsx")
```

ONEPOINT 検索した文字列を置換するには「replace」メソッドを使う

　検索した文字列を置換するには **replace** メソッドを使います。

　サンプルでは、市町村の合併により町名に変更があった「満濃町」を「まんのう町」に置換しています。本来は住所の列だけ置換すればいいのですが、サンプルではすべてのセルを調べています。

　文字列を置換する **replace** メソッドの書式は次の通りです。文字列変数の中から検索文字を見つけたら置換文字に置き換えます。これだけでは変化はありませんが、戻り値を変数に代入したら結果が使えます。

　　変数 = 文字列変数.replace(検索文字,置換文字)

　なお、サンプルではセルの値に「満濃町」が入っているかを if "満濃町" in val: でも探しています。これは cell.font = font で処理するためです。

| ONEPOINT | スタイルの字体や斜体や色の設定には「Font」クラスで指定する |

　置換をする文字列が見つかった場合、そのセルの値にフォントを適用します。置換した「まんのう町」だけでなくそのセルの値全部にフォントを適用します。

　サンプルでは、if 文で検索文字が見つかった場合、そのセルの値を游ゴシックの斜体の青色にフォントを指定しています。

　字体を扱う Font クラスの書式は次の通りです。 name 引数はフォント名を、italic 引数は斜体にするかを、color 引数は文字の色を指定します。

セル.font = Font(name,italic,color)

オートフィルターを設定する

ここでは、国や人口やスポーツや地域でオートフィルターを設定する方法を解説します。

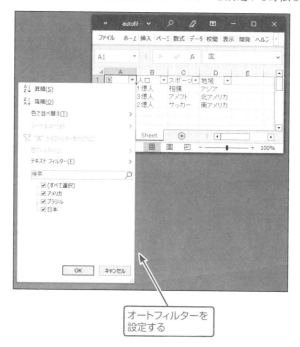

オートフィルターを
設定する

SAMPLE CODE 「autofilter.py」のコード

```python
# xlsxファイルを扱うライブラリを読み込む
import openpyxl

# ワークブックを新規作成する
wb = openpyxl.Workbook()
# アクティブなワークシートを取得する
ws = wb.active
# セルに入力するリストを宣言する
array = [
  ["国","人口","スポーツ","地域"],
  ["日本","1億人","相撲","アジア"],
  ["アメリカ","3億人","アメフト","北アメリカ"],
  ["ブラジル","2億人","サッカー","南アメリカ"]
]
```

```
# 「array」リストの行をループする
for row in range(0,len(array)):
    # 「array」リストの列をループする
    for col in range(0,len(array[row])):
        # 各セルに「array」リストの値を代入する
        ws.cell(row+1,col+1).value = array[row][col]
# A1～D4までオートフィルターを設定する
ws.auto_filter.ref = "A1:D4"
# ワークブックを保存する
wb.save("autofilter.xlsx")
```

05

データ操作

ONEPOINT オートフィルターを設定するには「auto_filter.ref」プロパティを使う

　オートフィルターを設定するには auto_filter.ref プロパティにセル範囲を設定します。

　オートフィルターを設定すると、列見出し(サンプルでは1行目)にドロップダウン矢印(▼)がつけられます。各ヘッダー右のドロップダウン矢印(▼)をクリックするとフィルターパネルが表示され昇順降順などに並べ替えできます。

　サンプルでは、1行目の「国」「人口」「スポーツ」「地域がカテゴリ」としてヘッダーにフィルターがつけられ、2～4行目までのセルがデータとしてフィルタリングできます。

　オートフィルターする auto_filter.ref プロパティの書式は次の通りです。代入する値はたとえば "A1:D4" のようにセルの列と行の範囲です。

ワークシート.auto_filter.ref = セル範囲

ONEPOINT 新規ワークブックのアクティブなワークシートのセルに値を代入するには「value」プロパティを使う

　既存のxlsxファイルを開いてワークブックを読み込むのではなく、ワークブックを新規作成してデータを入力し、オートフィルターを設定してxlsxファイルに保存します。

　サンプルでは、1行目の「国」「人口」「スポーツ」「地域のカテゴリ」を、2～4行目に array リストの各データをセルに代入します。

複数の基準でソートする

ここでは、各行の個人と法人に分けて並べ替えする方法を解説します。

個人と法人で
ソートする

SAMPLE CODE 「individual.py」のコード

```python
# xlsxファイルを扱うライブラリを読み込む
import openpyxl

# ワークブックを新規作成する
wb = openpyxl.load_workbook("individual.xlsx")
# アクティブなワークシートを取得する
ws = wb.active
# 個人法人のリストを宣言する
individual = []
# 名前のリストを宣言する
name = []
# 2行目からループする
for row in range(2,ws.max_row+1):
    # 個人法人データをリストの最後に追加する
    individual.append(ws.cell(row,1).value)
    # 名前のデータをリストの最後に追加する
    name.append(ws.cell(row,2).value)
# 2つのリストをまとめて取得する
zip_lists = zip(individual,name)
# 降順でソートする
zip_sort = sorted(zip_lists,reverse=True)
# zipを解除する
individual, name = zip(*zip_sort)
# 2行目からループする
for row in range(2,ws.max_row+1):
    # A列に個人法人を代入する
    ws.cell(row,1).value = individual[row-2]
    # B列に名前を代入する
    ws.cell(row,2).value = name[row-2]
# ワークブックを保存する
wb.save("individual2.xlsx")
```

HINT
この節ではPythonを駆使してソートしていますが、108ページのようにフィルターを使ったらExcel本体でなら簡単にソートできます。

ONEPOINT	複数の基準で並べ替えるには「sorted」関数と「zip」関数を使う

　ソートをするには sorted 関数を使いますが、1つのリストしかソートできません。そこで2つのリストを1つにまとめる必要があります。

　サンプルでは zip 関数で individual リストと name リストを1つにまとめて、sorted 関数でソートしています。この場合、最初のリストのほうでソートされます（サンプルでは「個人法人」の列）。

　ソートしたリストはまた zip 関数でもとの individual リストと name リストに分けます。

　複数あるリスト型や辞書型やタプル型などの要素を集約することができるPython標準の zip 関数の書式は次の通りです。「リスト1〜」引数は2つだけなくてもいくつでも大丈夫です。

　リスト = zip(リスト1,リスト2,リスト3,...)

　zip 関数で集約したリストをもとの別々のリストに戻す zip 関数の書式は次の通りです。

　リスト1,リスト2,リスト3,... = zip(*リスト)

関連項目 ▶ ▶ ▶

●ワークシート名でソートする……………………………………………… p.54

05
データ操作

郵便番号に「-」(ハイフン)を入れる

　ここでは、郵便番号にハイフンが入っていない場合だけハイフンを挿入する方法を解説します。

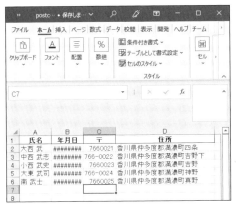

郵便番号にハイフンを入れる

SAMPLE CODE 「postcode.py」のコード

```python
# xlsxファイルを扱うライブラリを読み込む
import openpyxl

# ワークブックを読み込む
wb = openpyxl.load_workbook("postcode.xlsx")
# アクティブなワークシートを取得する
ws = wb.active
```

```
# 2〜7行未満をループする
for row in range(2,7):
    # 郵便番号を文字列として取得する
    code = str(ws.cell(row,3).value)
    # 郵便番号にハイフンが入っている場合
    if not "-" in code:
        # 郵便番号の3桁目の後ろにハイフンを入れる
        code = code[:3] + "-" + code[3:]
    # 郵便番号を3列目に代入する
    ws.cell(row,3).value = code
# ワークブックを保存する
wb.save("postcode2.xlsx")
```

05
データ操作

ONEPOINT 郵便番号にハイフンがないか調べるには「if not」文を使う

サンプルの **postcode.xlsx** ファイルにはハイフンが入っている郵便番号と入っていない郵便番号があります。そこで、まず、郵便番号にハイフンが入っていないことを **if not** 文を使って調べ、ハイフンが入っていない場合だけ郵便番号にハイフンを挿入しています。

ここでは、3列目の2〜7行未満をforループして郵便番号を取得します。

変数に文字列が存在しない場合の **if not** 文の書式は次の通りです。**not** がなければ変数に文字列が存在する場合になります。

```
if not 文字列 in 変数:
```

ONEPOINT 郵便番号にハイフンがない場合にハイフンを挿入するには
文字列連結を使う

郵便番号は7桁のため、郵便番号の **code** 変数の2インデックスまでの文字列と、- と、**code** 変数の3インデックスからの文字列の3つを連結して、ハイフンを挿入します。

文字列変数に文字を挿入する書式は次の通りです。**[:インデックス]** で変数2のインデックス番号未満までの文字列を取得し、**[インデックス:]** で変数2のインデックス番号からの文字列を取得します。 **+** で文字列同士をつなぎます。

```
変数1 = 変数2[:インデックス] + "-" + 変数2[インデックス:]
```

SECTION-032

文字種を変換する

ここでは、ひらがなとカタカナが混じった名前をカタカナに変換する方法を解説します。

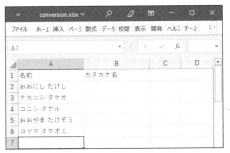

ひらがなをカタカナ
に変換する

SAMPLE CODE 「conversion.py」のコード

```python
# xlsxファイルを扱うライブラリを読み込む
import openpyxl
# 日本語を変換するパッケージを読み込む
import jaconv

# ワークブックを読み込む
wb = openpyxl.load_workbook("conversion.xlsx")
# アクティブなワークシートを取得する
ws = wb.active
# 行をループする
for row in range(2,ws.max_row+1):
    # ひらがな⇒カタカナ
    ws.cell(row,2).value = jaconv.hira2kata(ws.cell(row,1).value)
```

▼

▼

```
# ワークブックを保存する
wb.save("conversion2.xlsx")
```

H I N T
サンプルを実行する前に「jaconv」パッケージをインストールしてください(ONEPOINT
参照)。

ONEPOINT **文字種を変換するには「jaconv」パッケージを使う**

文字種を変換するには「jaconv」パッケージを使います。文字種の変換とは、ひら
がなとカタカナを相互に変換したり、半角文字を全角文字に変換したりすることです。
「jaconv」パッケージを使うには事前にインストールしておく必要があります。ターミ
ナルで次のコマンドを実行してください。

```
$ pip install jaconv
```

「jaconv」パッケージでは下表のメソッドが用意されています。

メソッド	説明
jaconv.hira2kata	ひらがなをカタカナに変換する
jaconv.hira2hkata	ひらがなを半角カタカナに変換する
jaconv.kata2hira	カタカナをひらがなに変換する
jaconv.h2z	半角文字を全角文字に変換する
jaconv.hankaku2zenkaku	h2zメソッドのエイリアス
jaconv.z2h	全角文字を半角文字に変換する
jaconv.zenkaku2hankaku	z2hメソッドのエイリアス
jaconv.normalize	Unicode正規化を行う(unicodedata.normalizeを日本語処理向けに特化した拡張)
jaconv.kana2alphabet	ひらがなをアルファベットに変換する
jaconv.alphabet2kana	アルファベットをひらがなに変換する
jaconv.kata2alphabet	カタカナをアルファベットに変換する
jaconv.alphabet2kata	アルファベットをカタカナに変換する
jaconv.hiragana2julius	ひらがなをJuliusの音素形式に変換する

「jaconv」パッケージの各メソッドの基本的な書式は次の通りです。

変数 = jaconv.メソッド名(文字列)

その他、引数の指定によって、変換の対象となる文字種を指定したり、無視する
文字を指定したりすることもできます。
書式を含め、「jaconv」パッケージの詳細については下記を参照してください。
URL https://pypi.org/project/jaconv/

| COLUMN | 半角と全角を変換するには |

　日本語の「文字列」引数を半角から全角に変換するには **jaconv.h2z** メソッドを使います。

　日本語の「文字列」引数を全角から半角に変換するには **jaconv.z2h** メソッドを使います。ただし、全角カタカナを半角カタカナに変換はできますが、全角ひらがなを半角カタカナに変換することはできません。全角ひらがなを半角カタカナに変換するには **jaconv.hira2hkata** メソッドを使います。

　具体的なコードの例は次の通りです。

SAMPLE CODE 「conversion2.py」のコード

```python
# xlsxファイルを扱うライブラリを読み込む
import openpyxl
# 日本語を変換するパッケージを読み込む
import jaconv

# ワークブックを読み込む
wb = openpyxl.load_workbook("conversion3.xlsx")
# アクティブなワークシートを取得する
ws = wb.active
# 半角⇒全角
ws["B2"].value = jaconv.h2z(ws["A2"].value)
# 全角⇒半角
ws["A3"].value = jaconv.z2h(ws["B3"].value)

# ワークブックを保存する
wb.save("conversion4.xlsx")
```

COLUMN	アルファベットの大文字と小文字に変換するには 「lower」メソッドや「upper」メソッドを使う

アルファベットの大文字を小文字に変換するには lower メソッド、小文字を大文字に変換するには upper メソッドを使います。 lower メソッドと upper メソッドは Python の標準機能です。日本語の変換を扱う「jaconv」パッケージは使いません。

lower メソッドの書式は次の通りです。

変数 = **文字列**.lower()

upper メソッドの書式は次の通りです。

変数 = **文字列**.upper()

具体的なコードの例は次の通りです。

SAMPLE CODE 「conversion3.py」のコード

```
# xlsxファイルを扱うライブラリを読み込む
import openpyxl

# ワークブックを読み込む
wb = openpyxl.load_workbook("conversion4.xlsx")
# アクティブなワークシートを取得する
ws = wb.active
# 大文字⇒小文字
ws["F2"].value = ws["E2"].value.lower()
# 小文字⇒大文字
ws["E3"].value = ws["F3"].value.upper()

# ワークブックを保存する
wb.save("conversion5.xlsx")
```

各列の値の型が正しく統一されているか チェックする

ここでは、A列の値が数値か調べて、数値でなかったらセルの背景色を塗る方法を解説します。

数値でない場合にセルの背景色を設定する

SAMPLE CODE 「type.py」のコード

```python
# xlsxファイルを扱うライブラリを読み込む
import openpyxl
# 塗りつぶしパターンを扱うモジュールを読み込む
from openpyxl.styles import PatternFill

# ワークブックを読み込む
wb = openpyxl.load_workbook("type.xlsx")
# アクティブなワークシートを取得する
ws = wb.active
# 塗りつぶしパターンを薄緑色に設定する
fill = PatternFill(patternType="solid", fgColor="99ff99")
# 2~7行未満をループする
for row in range(2,7):
```

05
デ
ー
タ
操
作

119

```
# A列のセルを取得する
cellA = ws.cell(row,1)
# セルが数値でない場合
if str(cellA.value).isdigit() == False:
    # セルを薄緑色で塗りつぶす
    cellA.fill = fill

# ワークブックを保存する
wb.save("type2.xlsx")
```

ONEPOINT セルの値が数値かどうか調べるには「isdigit」メソッドを使う

セルの値が数値かそれ以外か調べるには isdigit メソッドを使います。

ワークシートのほとんどの列はヘッダーを除いて、すべての各列が同じ数値や文字列や日付けなどの型が統一されていることが多いと思います。そこで列ごとの型を調べて異なれば背景色を塗ります。

isdigit メソッドの書式は次の通りです。戻り値は真偽(True か False)が返ります。セルの値が文字列でなく数値の場合はそのまま isdigit ソッドを使うとエラーになります。必ず数値も str 関数で文字列に変換して取得したものを使ってください。

戻り値 = 文字列.isdigit()

サンプルでは、A列が数値かどうかを調べ、数値でないセルの場合、セルの背景色を薄緑色に塗りつぶしています。

COLUMN 値の型を見分けるには「isinstance」関数を使う

値の型を調べるには isinstance 関数を使います。

isinstance 関数の書式は次の通りです。「値」引数が「型」引数に指定した型(文字列型や日付け型など)かどうか調べます。

戻り値 = isinstance(値, 型)

型にはたとえば、下表のような型が入れられます。戻り値は真偽が返ります。

型	意味
str	文字列型
int	整数型
float	浮動小数点型
bool	真偽型
datetime	日付け型

　datetimeなどの型を調べるには次のようにモジュールを読み込んでおく必要があります。

```
from datetime import datetime
```

　具体的なコードの例は、次のようになります。

SAMPLE CODE 「type2.py」のコード

```python
# xlsxファイルを扱うライブラリを読み込む
import openpyxl
# 塗りつぶしパターンを扱うモジュールを読み込む
from openpyxl.styles import PatternFill
# 日付型を扱うモジュールを読み込む
from datetime import datetime

# ワークブックを読み込む
wb = openpyxl.load_workbook("type.xlsx")
# アクティブなワークシートを取得する
ws = wb.active
# 塗りつぶしパターンを薄緑色に設定する
fill = PatternFill(patternType="solid", fgColor="99ff99")
# 2～7行未満をループする
for row in range(2,7):
  # B列のセルを取得する
  cellB = ws.cell(row,2)
  # セルが文字列でない場合
  if isinstance(cellB.value, str) == False:
    # セルを薄緑色で塗りつぶす
    cellB.fill = fill
  # C列のセルを取得する
  cellC = ws.cell(row,3)
  # セルが日付け型でない場合
  if isinstance(cellC.value, datetime) == False:
    # セルを薄緑色で塗りつぶす
    cellC.fill = fill

# ワークブックを保存する
wb.save("type3.xlsx")
```

SECTION-034

末日の日付を日にちに変換する

ここでは、末日で書かれた日付を日にちに変換する方法を解説します。

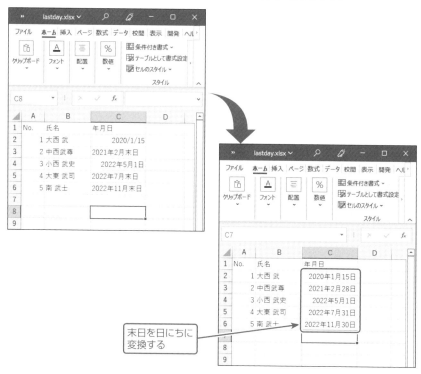

末日を日にちに
変換する

SAMPLE CODE 「lastday.py」のコード

```python
# xlsxファイルを扱うライブラリを読み込む
import openpyxl
# カレンダーを扱うモジュールを読み込む
import calendar
# 日時を扱うモジュールを読み込む
from datetime import datetime

# ワークブックを読み込む
wb = openpyxl.load_workbook("lastday.xlsx")
# アクティブなワークシートを取得する
ws = wb.active
# 2〜7行未満をループする
for row in range(2,7):
```

```
# C列のセルを取得する
cellC = ws.cell(row,3)
# セルの値を取得する
val = str(cellC.value)
# 末日の文字が含まれる場合
if "末日" in val:
    # 年の文字でリストに分割する
    yearVal = val.split("年")
    # 月の文字でリストに分割する
    month = int(yearVal[1].split("月")[0])
    # 年を数値に変換する
    year = int(yearVal[0])
    # 末日の日にちを取得する
    lastday = calendar.monthrange(year,month)[1]
    # 年月日をセルに代入する
    cellC.value = datetime(year,month,lastday)
    # セルのフォーマットを年月日に設定する
    cellC.number_format = "yyyy年m月d日"

# ワークブックを保存する
wb.save("lastday2.xlsx")
```

05
データ操作

HINT
Excelのセルには文字列や数値のフォーマットだけでなく、年月日用のフォーマットもあります。

ONEPOINT 末日の日付を日にちに変換するには「calender」モジュールの「monthrange」関数を使う

「calender」モジュールの **monthrange** 関数は第1引数に年、第2引数に月を指定すると、月初日の曜日(**0** が月曜〜 **6** が日曜)と、その月の日数をタプルで返します。その月の日数がその月の末日の日付となるため、この機能を使うと末日の日付を取得することができます。

そのためには「2022年11月末日」などの文字列を **split** メソッドで分割して年月を取得します。

サンプルではC列のセルC2〜C6に「末日」の文字を含む、日付が入力されています。そのため、2〜7行未満で **for** 文で繰り返し処理を行います。「末日」の文字列が見つかった場合、まず **split** メソッドを使って **"年"** で分割し、yearVal リストに代入します。たとえば、「2022年11月末日」の場合、yearVal リストは **["2022",** **"11月末日"]** となるので、yearVal リストの0インデックスの文字列(例では「2022」)を整数にして **year** 変数に代入します。

さらに yearVal リストの1インデックスの文字列("11月末日")を "月" で分割し、リストの0インデックスの文字列(例では「11」)を整数にして month 変数に代入します。

これで「年」と「月」が取得できたので、それぞれ「calender」モジュールの month range 関数の引数に指定します。年と月から最終日を取得する monthrange 関数の書式は次の通りです。 monthrange 関数は月初日の曜日とその月の日数がタプルで返すので、1インデックスの日数(=末尾の日にち)を取り出しています。

```
import calendar
月の最終日 = calendar.monthrange(年,月)[1]
```

サンプルでは末日を lastday 変数に代入しています。その後、datetime 関数に年月日(year 変数、month 変数、lastday 変数)を渡してセルの値に代入しています。

セルの値に日付データを設定する value プロパティと datetime 関数の書式は次の通りです。

```
セル.value = datetime(年,月,日)
```

また、number_format プロパティを使ってC列のセルのフォーマットは yyyy年m月d日 に設定しています。number_format プロパティの書式は次の通りです。たとえば "yyyy年m月d日" と指定すると「2020年1月15日」のようなフォーマットになります。

```
セル.number_format = "yyyy年m月d日"
```

COLUMN 年月日のフォーマット

年月日はセルの number_format プロパティでさまざまなフォーマットに自由に設定できます。たとえば、下表の通りです。

年月日	例(「2022年7月5日」での例)
yyyy/mm/dd	2022/07/05
yyyy/mm/d	2022/07/5
yyyy/m/d	2022/7/5
yyyy/m/dd	2022/7/05
yyyy-mm-dd	2022-07-05
yyyy年mm月dd日	2022年07月05日

関連項目 ▶▶▶

● 姓名のセルのデータを姓と名の2つのセルに分割する ……………………… p.100

日付をもとに曜日を入力する

ここでは、年月日をもとに曜日を取得してセルに代入する方法を解説します。

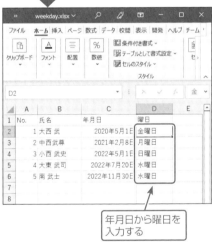

年月日から曜日を
入力する

SAMPLE CODE 「weekday.py」のコード

```python
# xlsxファイルを扱うライブラリを読み込む
import openpyxl
# openpyxlのユーティリティを扱うモジュールを読み込む
from openpyxl import utils

# 月曜日～日曜日までのタプルを宣言する
weekday = ("月曜日","火曜日","水曜日",
```

```
    "木曜日","金曜日","土曜日","日曜日")
# ワークブックを読み込む
wb = openpyxl.load_workbook("weekday.xlsx")
# アクティブなワークシートを取得する
ws = wb.active
# 2～7行未満をループする
for row in range(2,7):
    # C列のセルを取得する
    cellC = ws.cell(row,3).value
    # 年月日をExcelの形式からPythonの形式へ変換する
    day = utils.datetime.from_excel(cellC)
    # D列目に曜日を入力する
    ws.cell(row,4).value = weekday[day.weekday()]

# ワークブックを保存する
wb.save("weekday2.xlsx")
```

HINT

Pythonでは0が月曜日、1が火曜日、……、6が日曜日となります。0は日曜日からではありません。

ONEPOINT	年月日をもとにその日の曜日を取得するには 「weekday」メソッドを使う

年月日をもとにその日の曜日を取得するには **weekday** メソッドを使います。
weekday メソッドは日付の曜日を0（月曜）〜6（日曜）で返します。**weekday** メソッドの書式は次の通りです。

変数 = 日付.weekday()

Excel上の年月日をPythonの年月日として取得するには **openpyxl.utils.datetime** モジュールの **from_excel** メソッドを使います。**from_excel** メソッドの書式は次の通りです。「年月日」引数はExcelの年月日データです。

```
from openpyxl import utils
変数 = utils.datetime.from_excel(年月日)
```

サンプルでは、**value** プロパティでC列のセルの値（日付）を取得し、**cellC** 変数に代入しています。**openpyxl.utils.datetime** モジュールの **from_excel** メソッドを使って、Excelの年月日フォーマットからPythonのdatetime形式に変換して **day** 変数に代入しています。**day** 変数に **weekday** メソッドを使うと曜日に応じて **0** 〜 **6** の数値が返ります。

weekday タプルに月曜日〜日曜日の文字列のタプルを宣言しているので、取得した数値を使って「月曜日」〜「日曜日」の文字列に変換してD列に代入しています。
0 〜 **6** の数値から曜日を取得するタプルの書式は次の通りです。

```
weekday = ("月曜日","火曜日","水曜日",
    "木曜日","金曜日","土曜日","日曜日")
セル.value = weekday[数値]
```

CHAPTER 06

グラフ

SECTION-036

埋め込みグラフを作成する

ここでは、ワークシートのセルのデータを棒グラフ（チャート）を作成して表示する方法を解説します。

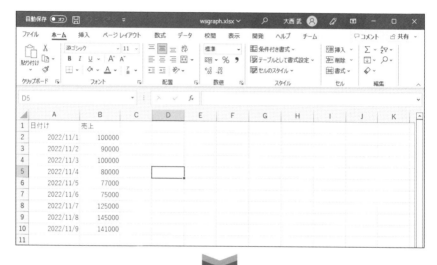

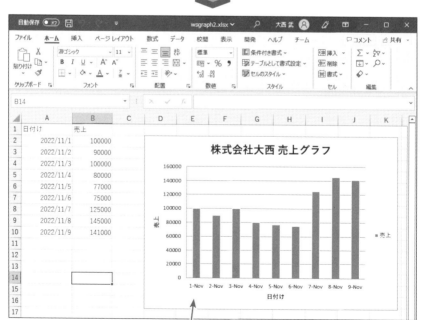

セルのデータから棒グラフを作成する

06
グラフ

SAMPLE CODE 「wsgraph.py」のコード

```python
# xlsxファイルを扱うライブラリを読み込む
import openpyxl
# グラフを扱うモジュールを読み込む
from openpyxl.chart import Reference

# ワークブックを読み込む
wb = openpyxl.load_workbook("wsgraph.xlsx")
# アクティブなワークシートを取得する
ws = wb.active
# バーチャートのグラフのインスタンスを生成する
graph = openpyxl.chart.BarChart()
# グラフのタイトルを設定する
graph.title  = "株式会社大西 売上グラフ"
# グラフのフォントサイズを設定する
graph.style  = 12
# グラフの高さを設定する
graph.height = 10
# グラフの幅を設定する
graph.width  = 15
# Y軸(縦軸)ラベルを設定する
graph.y_axis.title = "売上"
# X軸(横軸)を日付けに対応する
graph.x_axis.number_format = "d-mmm"
# X軸を日付けに対応する
graph.x_axis.majorTimeUnit = "days"
# X軸のラベルを設定する
graph.x_axis.title = "日付け"
# Yにするセル範囲を指定する
y_axis = Reference(ws, min_col=2, min_row=1, max_col=2, max_row=10)
# Y軸のセル範囲の1番上の行をラベルにする
graph.add_data(y_axis, titles_from_data=True)
# X軸のセル範囲を設定する
x_axis = Reference(ws, min_col=1, min_row=2, max_col=1, max_row=10)
# X軸の設定をグラフのカテゴリに設定する
graph.set_categories(x_axis)
# グラフを配置する
ws.add_chart(graph, "D2")

# ワークブックを保存する
wb.save("wsgraph2.xlsx")
```

「埋め込みグラフ」とはセルのデータがある同じワークシート上に作られたグラフのことです。それとは別に「グラフシート」というグラフ専用のシートもあります。なお、OpenPyXLではグラフは「Chart」（チャート）と呼びます。

ONEPOINT セルからデータを取得するには「Reference」クラスを使う

　セル範囲の値からデータを取得してグラフに使うには Reference クラスを使います。グラフのY軸（縦軸）とX軸（横軸）にデータを設定します。

　ここでは、Y軸の金額データをセル範囲から取得してグラフに追加するデータを準備します。X軸の日付けデータをセル範囲から取得して準備します。

　Y軸の行列の範囲のインスタンスを生成する Reference クラスの書式は次の通りです。サンプルではラベルの1行目を含めています。

```
from openpyxl.chart import Reference
Y軸 = Reference(ワークシート, min_col, min_row, max_col, max_row)
```

　X軸の行列の範囲のインスタンスを生成する Reference クラスの書式は次の通りです。サンプルでは、ラベルの1行目は含めず、2行目からデータを取得しています。

```
X軸 = Reference(ワークシート, min_col, min_row, max_col, max_row)
```

ONEPOINT セルのデータからXY軸のグラフの設定をするには「BarChart」クラスを使う

　グラフのY軸の金額とX軸の日付けからデータを入れて BarChart クラスの棒グラフを作成してワークシートに追加します。

　サンプルでは、バーチャートを作成し、graph 変数に代入します。グラフのタイトル、フォントサイズ、高さ、幅、Y軸のラベル、X軸の日付対応、ラベルを設定しています。Y軸の金額データをセル範囲から取得してグラフにデータを追加します。X軸の日付データをセル範囲から取得し、グラフのカテゴリに追加します。

　グラフのインスタンスを生成する BarChart クラスの書式は次の通りです。

```
グラフ = openpyxl.chart.BarChart()
```

　グラフの title プロパティや style プロパティ、height プロパティ、width プロパティの書式は次の通りです。

```
グラフ.title  = グラフタイトル
グラフ.style  = グラフのフォントサイズ
グラフ.height = グラフの高さ
グラフ.width  = グラフの幅
```

Y軸のラベル **title** プロパティの書式は次の通りです。

　グラフ.y_axis.title = Y軸のラベル

　X軸の **number_format** プロパティや **majorTimeUnit** プロパティ、**title** プロパティの書式は次の通りです。

　グラフ.x_axis.number_format = X軸が日付の場合のフォーマット
　グラフ.x_axis.majorTimeUnit = X軸が日付の場合の主なタイムユニットの単位
　グラフ.x_axis.title = X軸のラベル

　グラフにY軸を追加する **add_data** メソッドの書式は次の通りです。 **titles_from_data** 引数が **True** なら最初の行のセルの文字列をY軸のラベルにします。

　グラフ.add_data(Y軸, titles_from_data)

　グラフのカテゴリにX軸を設定する **set_categories** メソッドの書式は次の通りです。

　グラフ.set_categories(X軸)

ONEPOINT グラフの設定をワークシートに追加するには「add_chart」メソッドを使う

　グラフを作っただけではワークシートには表示されません。ワークシートにグラフを追加してはじめてグラフが表示されます。それには「add_chart」メソッドを使います。
　add_chart メソッドの書式は次の通りです。「グラフ」引数に追加するグラフを、「セル位置」引数にはグラフの左上にするセルを指定します。

　ワークシート.add_chart(グラフ, セル位置)

　サンプルでは前述の要領で設定したグラフ(**graph** 変数)をワークシートに追加しています。

COLUMN	グラフの種類

　ここではBarChartの棒グラフでしたが、他にもグラフ(チャート)の種類があります。次の表のようなグラフがあります。

グラフのクラス	説明
「LineChart」クラス	折れ線グラフ
「BarChart」クラス	棒グラフ
「BubbleChart」クラス	バブルグラフ
「ScatterChart」クラス	散布図
「AreaChart」クラス	面グラフ
「AreaChart3D」クラス	3Dグラフ
「PieChart」クラス	円グラフ
「ProjectedPieChart」クラス	補助円や補助棒グラフ

06

グラフ

すべてのワークシートのすべてのグラフを削除する

　ここでは、ワークシートをすべて調べてチャート（グラフ）をすべて削除する方法を解説します。

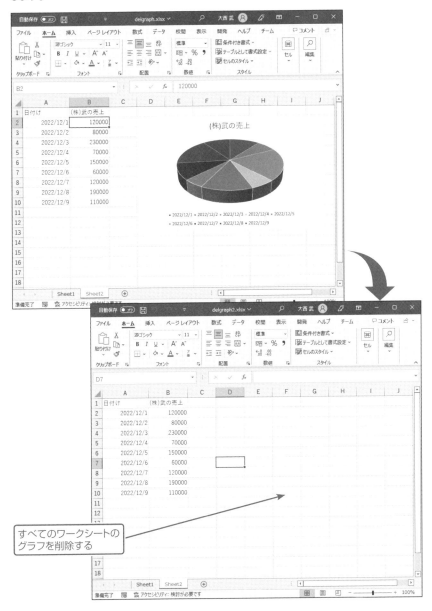

すべてのワークシートの
グラフを削除する

SAMPLE CODE 「delgraph.py」のコード

```python
# xlsxファイルを扱うライブラリを読み込む
import openpyxl

# ワークブックを読み込む
wb = openpyxl.load_workbook("delgraph.xlsx")
# ワークシートのすべての名前をループする
for name in wb.sheetnames:
    # ワークシートを取得する
    ws = wb[name]
    # 0～チャートの数未満までループする
    for i in range(len(ws._charts))[::-1]:
        # iインデックスのチャートを削除する
        del ws._charts[i]

# ワークブックを保存する
wb.save("delgraph2.xlsx")
```

HINT

チャートはそれぞれのワークシートが持つ最後のチャートから削除しないと処理がうまくいきません。

06
グラフ

ONEPOINT グラフを削除するには「del」文を使う

グラフ（チャート）を削除するには del 文を使います。

サンプルでは、for 文と sheetnames プロパティでワークシートを1つずつすべて取得します。ワークシートが持つすべてグラフは _charts リストに格納されているので、**ワークシート._charts** でリストとして取得し、後ろから for ループして del 文で削除します。

なお、グラフの削除についてはシンプルに次のようにしたいところですが、文法的にうまくできません。これは参照アドレスを削除しようとしているだけでオブジェクトは削除されていないためと思われます。

```python
for chart in ws._charts:
    del chart
```

2つのデータの関連性がわかる
複合グラフを作成する

　ここでは、第2軸を割り当てて、棒グラフと折れ線グラフの複合グラフを作成する方法を解説します。

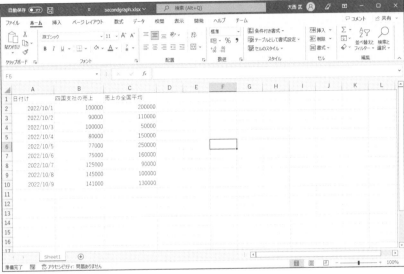

棒グラフと折れ線グラフの
複合グラフを作成する

SAMPLE CODE 「secondgraph.py」のコード

```python
# xlsxファイルを扱うライブラリを読み込む
import openpyxl
# グラフを扱うモジュールを読み込む
from openpyxl.chart import BarChart, LineChart, Reference

# ワークブックを読み込む
wb = openpyxl.load_workbook("secondgraph.xlsx")
# アクティブなワークシートを取得する
ws = wb.active
# X軸(横軸)のデータを取得する範囲を準備する
x = Reference(ws,min_col=1,max_col=1,min_row=2,max_row=ws.max_row)
# Y1軸(縦軸)のデータを取得する範囲を準備する
y1 = Reference(ws,min_col=2,max_col=2,min_row=1,max_row=ws.max_row)
# Y2軸(縦軸)のデータを取得する範囲を準備する
y2 = Reference(ws,min_col=3,max_col=3,min_row=1,max_row=ws.max_row)
# 棒グラフを準備する
chart = BarChart()
# 棒グラフのタイトルを設定する
chart.title = "(株)山田の売上"
# Y軸のラベルを設定する
chart.y_axis.title = "売上"
# 棒グラフにY1軸を追加する
chart.add_data(y1, titles_from_data=True)
# 棒グラフのカテゴリにX軸を追加する
chart.set_categories(x)
# 棒グラフの高さを設定する
chart.height = 10
# 棒グラフの幅を設定する
chart.width = 15
# 折れ線グラフを準備する
chart2 = LineChart()
# 折れ線グラフにY2軸を追加する
chart2.add_data(y2, titles_from_data=True)
# 2つのグラフを複合する
chart += chart2
# ワークシートにグラフを追加する
ws.add_chart(chart, "E2")

# ワークブックを保存する
wb.save("secondgraph2.xlsx")
```

グラフ

ONEPOINT	棒グラフと折れ線グラフを2つ一緒に表示するには グラフに「+」演算子を使う

　セルのデータをもとに、棒グラフと折れ線グラフを一緒に表示するにはグラフにもう1つのグラフを足します。棒グラフは **BarChart** クラスで、折れ線グラフは **Line Chart** クラスです。

　サンプルでは、まず、**chart** 変数に棒グラフを、**chart2** 変数に折れ線グラフを作っています。X軸が日付、Y1軸が四国支社の売上、Y2軸が売上の全国平均となります。2つのグラフ同士は加算（+）することで1つにできます。

　2つのグラフ（チャート）を1つにする書式は次の通りです。

　チャート1 += チャート2

　chart += chart2 で2つのグラフを1つにしたら、**chart2** 変数は add_chart メソッドを実行する必要はありません。

　なお、折れ線グラフのインスタンスを生成する「LineChart」クラスの書式は次の通りです。

```
from openpyxl.chart import LineChart
変数 = LineChart()
```

関連項目 ▶ ▶ ▶

●埋め込みグラフを作成する ……………………………………………… p.130

06
グラフ

不要なデータをグラフから除外する

ここでは、不要なデータは反映させずにグラフを表示する方法を解説します。

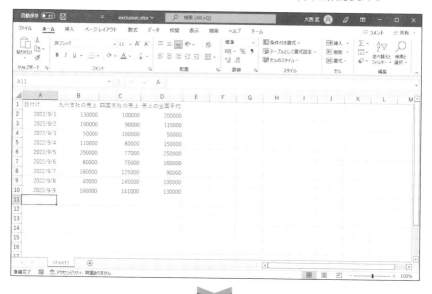

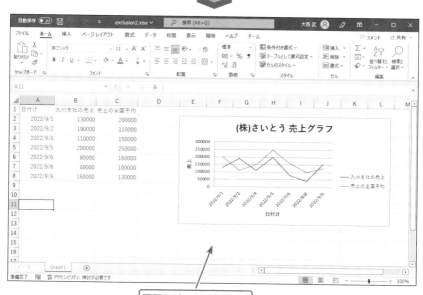

不要なデータは除外した
グラフを表示する

06
グラフ

140

SAMPLE CODE 「exclusion.py」のコード

```python
# xlsxファイルを扱うライブラリを読み込む
import openpyxl
# グラフを扱うモジュールを読み込む
from openpyxl.chart import Reference

# ワークブックを読み込む
wb = openpyxl.load_workbook("exclusion.xlsx")
# アクティブなワークシートを取得する
ws = wb.active
# C列のセルを削除する
ws.delete_cols(3)
# 8行目のセルを削除する
ws.delete_rows(8)
# 4行目のセルを削除する
ws.delete_rows(4)
# バーチャートのグラフのインスタンスを生成する
graph = openpyxl.chart.LineChart()
# グラフのタイトルを設定する
graph.title   = "(株)さいとう 売上グラフ"
# Y軸(縦軸)ラベルを設定する
graph.y_axis.title = "売上"
# X軸のラベルを設定する
graph.x_axis.title = "日付け"
# Y軸にするセル範囲を指定する
y_axis = Reference(
  ws,min_col=2,max_col=ws.max_column,min_row=1,max_row=ws.max_row)
# Y軸のセル範囲の1番上の行をタイトルにする
graph.add_data(y_axis, titles_from_data=True)
# X軸のセル範囲を設定する
x_axis = Reference(
  ws,min_col=1,max_col=1,min_row=2,max_row=ws.max_row)
# X軸の設定をグラフのカテゴリに設定する
graph.set_categories(x_axis)
# グラフを配置する
ws.add_chart(graph, "E2")

# ワークブックを保存する
wb.save("exclusion2.xlsx")
```

HINT

Excel本体のマクロのVBAなら、行や列を削除することなく IsFiltered プロパティで除外する行や列を指定できます。

06
グラフ

ONEPOINT	ワークシートの不要なセルのデータを除外するには「delete_cols」メソッドや「delete_rows」メソッドを使う

　ワークシートの中に必要ないデータも含まれる場合、単純にワークシートから行や列を削除したデータをグラフに反映させて別名のxlsxファイルを保存します。行を削除するには delete_rows メソッドを使い、列を削除するには delete_cols メソッドを使います。

　delete_rows メソッドの書式は次の通りです。「行番号」引数は 0 〜ではなく 1 〜の数値です。

ワークシート.delete_rows(行番号)

　delete_cols メソッドの書式は次の通りです。「列番号」引数は A 〜ではなく 1 〜の数値です。

ワークシート.delete_cols(列番号)

　サンプルでは、読み込んだxlsxファイルのワークシートのC列と8行目と4行目を削除した ws 変数をグラフにして別名のxlsxファイルに保存することで、もとのxlsxファイルを残したまま不要なデータを除外しています。

関連項目 ▶ ▶ ▶

● 埋め込みグラフを作成する ……………………………………………………… p.130

06
グラフ

SECTION-040

グラフに詳細な値を表示する
データテーブルを作る

　ここでは、グラフに正確な値も表示するデータテーブル（データの一覧表）を表示する方法を解説します。

データテーブルを
表示する

143

SAMPLE CODE 「datatable.py」のコード

```python
# xlsxファイルを扱うライブラリを読み込む
import openpyxl
# グラフを扱うモジュールを読み込む
from openpyxl.chart import BarChart, Reference
# データテーブルを扱うモジュールを読み込む
from openpyxl.chart.plotarea import DataTable

# ワークブックを読み込む
wb = openpyxl.load_workbook("datatable.xlsx")
# アクティブなワークシートを取得する
ws = wb.active
# X軸(横軸)のデータのセル範囲を準備する
x = Reference(ws,min_col=1,max_col=1,min_row=2,max_row=ws.max_row)
# Y軸(縦軸)のデータのセル範囲を準備する
y = Reference(ws,min_col=2,max_col=2,min_row=1,max_row=ws.max_row)
# 棒グラフを準備する
chart = BarChart()
# 棒グラフのタイトルを設定する
chart.title = "(株)おおにしの売上"
# Y軸のラベルを設定する
chart.y_axis.title = "売上"
# 文字の位置を設定する
chart.legend.position = "b"
# 棒グラフにY軸を追加する
chart.add_data(y, titles_from_data=True)
# 棒グラフにX軸を追加する
chart.set_categories(x)
# 棒グラフの高さを設定する
chart.height = 10
# 棒グラフの幅を設定する
chart.width = 15
# データテーブルを準備する
chart.plot_area.dTable = DataTable()
# データテーブルの水平線を表示設定する
chart.plot_area.dTable.showHorzBorder = True
# データテーブルの垂直線を表示設定する
chart.plot_area.dTable.showVertBorder = True
# データテーブルのアウトラインを表示設定する
chart.plot_area.dTable.showOutline = True
# データテーブルのキーを表示設定する
chart.plot_area.dTable.showKeys = True
```

```
# ワークシートに棒グラフを追加する
ws.add_chart(chart, "D2")

# ワークブックを保存する
wb.save("datatable2.xlsx")
```

ONEPOINT グラフに詳細なデータのデータテーブルを表示するには
「DataTable」クラスを使う

棒グラフの下に正確な数値をデータテーブルとして表示するには DataTable ク
ラスを使います。普通のグラフは直感的に見分けるだけですが、データテーブルで
詳しい数値も見ることができます。

データテーブルのインスタンスを生成する DataTable クラスの書式は次の通り
です。

```
from openpyxl.chart.plotarea import DataTable
グラフ.plot_area.dTable = DataTable()
```

データテーブルのアウトラインを設定する showHorzBorder プロパティ、show
VertBorder プロパティ、showOutline プロパティ、showKeys プロパティの
書式は次の通りです。

```
グラフ.plot_area.dTable.showHorzBorder = 水平線の表示の真偽値
グラフ.plot_area.dTable.showVertBorder = 垂直線の表示の真偽値
グラフ.plot_area.dTable.showOutline = アウトラインの表示の真偽値
グラフ.plot_area.dTable.showKeys = キーの表示の真偽値
```

サンプルでは、棒グラフを準備し、データテーブルの水平線と垂直線、アウトライ
ンとキーの罫線を表示しています。

また、position プロパティでグラフの系列（X軸のカテゴリ）ラベルの位置を設
定しています。position プロパティの書式は次の通りです。

```
グラフ.legend.position = ポジション
```

代入できる「ポジション」文字列は下表の通りです。

ポジション	説明
r	右、デフォルト
l	左
t	上
b	下
tr	右上

関連項目 ▶▶▶

● 埋め込みグラフを作成する ……………………………………………… p.130

3D面グラフを積み重ねて表示設定する

ここでは、3D面グラフ(3Dエリアチャート)を積み重ねて可視化する方法を解説します。

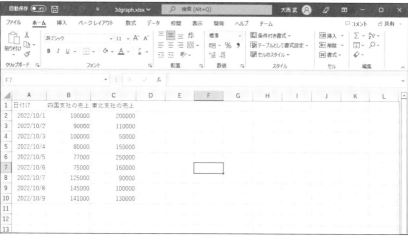

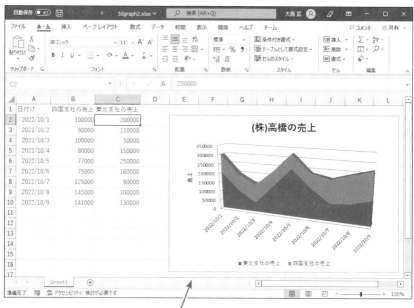

2つの系列を積み重ねて
3D面グラフを表示する

146

SAMPLE CODE 「3dgraph.py」のコード

```python
# xlsxファイルを扱うライブラリを読み込む
import openpyxl
# グラフを扱うモジュールを読み込む
from openpyxl.chart import AreaChart3D, Reference

# ワークブックを読み込む
wb = openpyxl.load_workbook("3dgraph.xlsx")
# アクティブなワークシートを取得する
ws = wb.active
# X軸(横軸)のデータのセル範囲を準備する
x = Reference(ws,min_col=1,max_col=1,min_row=2,max_row=ws.max_row)
# Y軸(縦軸)のデータのセル範囲を準備する
y = Reference(ws,min_col=2,max_col=3,min_row=1,max_row=ws.max_row)
# 3D面グラフを準備する
chart = AreaChart3D()
# 3D面グラフのタイトルを設定する
chart.title = "(株)高橋の売上"
# Y軸のラベルを設定する
chart.y_axis.title = "売上"
# 文字の位置を設定する
chart.legend.position = "b"
# 3D面グラフにY軸を追加する
chart.add_data(y, titles_from_data=True)
# 3D面グラフにX軸を追加する
chart.set_categories(x)
# 3D面グラフの高さを設定する
chart.height = 10
# 3D面グラフの幅を設定する
chart.width = 15
# 系列の順序を入れ替える
chart.ser[0], chart.ser[1] = chart.ser[1], chart.ser[0]
# 積み上げ3D面グラフに設定する
chart.grouping = "stacked"
# ワークシートに3D面グラフを追加する
ws.add_chart(chart, "E2")

# ワークブックを保存する
wb.save("3dgraph2.xlsx")
```

06
グラフ

ONEPOINT　3D面グラフを積み重ねて表示するにはグルーピングを使う

　複数のデータを積み重ねて3D面グラフで表示するには grouping プロパティを使います。

　面グラフは棒グラフをつなげたようなグラフです。さらに3D面グラフは面グラフに厚みを付けたグラフです。

　サンプルでは、青の系列（X軸のカテゴリ）の上に橙色の系列を載せて3D面グラフを表示します。これで合計の売上が一目でわかります。

　系列のグループ化を設定する grouping プロパティの書式は次の通りです。

　グラフ.grouping = 文字列

　代入できる文字列は下表の通りです。

グルーピング	説明
standard	標準
stacked	積み上げ
percentStacked	100%積み上げ

ONEPOINT　系列を並び替えるには代入演算子を使う

　系列は ser リストの0〜のインデックスで並べられています。0インデックスが一番下や手前の順番です。

　サンプルでは、タプルの0系列と1系列を入れ換えてうます。もとの0系列はワークシートのB列で、もとの1系列はワークシートのC列です。

　系列の ser プロパティを並び替える書式は次の通りです。

　グラフ.ser[0], グラフ.ser[1] = グラフ.ser[1], グラフ.ser[0]

　これは、タプルを使った書式では次の書式と同じです。つまりタプルの括弧が省略されていただけです。

　(グラフ.ser[0], グラフ.ser[1]) = (グラフ.ser[1], グラフ.ser[0])

関連項目 ▶▶▶
● 埋め込みグラフを作成する ……………………………………………… p.130

グラフからグラフシートを作成する

ここでは、グラフを作成してグラフシートに表示する方法を解説します。

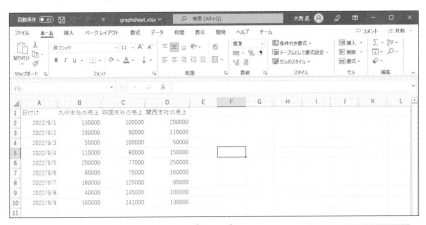

グラフシートを作成する

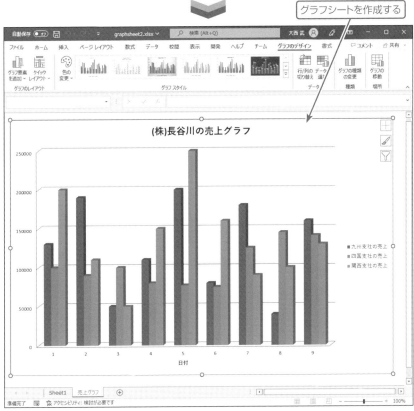

SAMPLE CODE 「graphsheet.py」のコード

```python
# xlsxファイルを扱うライブラリを読み込む
import openpyxl
# グラフを扱うモジュールを読み込む
from openpyxl.chart import BarChart3D, Reference

# ワークブックを読み込む
wb = openpyxl.load_workbook("graphsheet.xlsx")
# アクティブなワークシートを取得する
ws = wb.active
# グラフシートを作成する
cs = wb.create_chartsheet("売上グラフ")
# グラフに描くX軸(横軸)データのセル範囲を設定する
x = Reference(ws,min_col=2,min_row=1,max_col=4,max_row=ws.max_row)
# 3D棒グラフを準備する
chart = BarChart3D()
# 3D棒グラフのタイトルを設定する
chart.title = "(株)長谷川の売上グラフ"
# X軸のラベルを設定する
chart.x_axis.title = '日付'
# X軸を3D棒グラフに追加する
chart.set_categories(x)
# Y軸(縦軸)に設定するセル範囲を指定する
y = Reference(ws,min_col=2,min_row=1,max_col=4,max_row=ws.max_row)
# Y軸のセル範囲を3D棒グラフに追加する
chart.add_data(y, titles_from_data=True)
# グラフシートに3D棒グラフを追加する
cs.add_chart(chart)

# ワークブックを保存する
wb.save("graphsheet2.xlsx")
```

06
グラフ

HINT
グラフシートはワークシートのシートとは違い、グラフ専用のシートです。

ONEPOINT グラフシートを作成するには「create_chartsheet」メソッドを使う

グラフシートのシートを作成するには、まずグラフシートをワークブックに作成します。それからグラフを作成して、ワークシートではなくグラフシートに追加します。グラフシートを作成するには **create_chartsheet** メソッドを使います。 **create_chart sheet** メソッドの書式は次の通りです。「タイトル」引数にグラフシートの名前を指定します。

> グラフシート ＝ ワークブック.create_chartsheet(**タイトル**)

サンプルでは **cs** 変数にグラフシートを作成します。 **chart** 変数にグラフを作成して、**add_chart** メソッドで **cs** 変数に **chart** 変数を追加します。「グラフ」引数をグラフシートに追加する **add_chart** メソッドの書式は次の通りです。

> グラフシート.add_chart(**グラフ**)

ONEPOINT 3D棒グラフを作成するには「BarChart3D」クラスを使う

3D棒グラフを作成するには **BarChart3D** クラスを使います。扱い方は **Bar Chart** クラスとほとんど同じです。

サンプルは、**chart** 変数に3D棒グラフを作成し、グラフシート **cs** 変数に **chart** 変数を **add_chart** メソッドしています。

3D棒グラフのインスタンスを作成する **BarChart3D** クラスの書式は次の通りです。

```
from openpyxl.chart import BarChart3D
変数 = BarChart3D()
```

関連項目 ▶ ▶ ▶

06
グ
ラ
フ

埋め込みグラフをグラフシートにコピーする

　ここでは、埋め込みグラフをコピーして、作成したグラフシートにペーストする方法を解説します。

06
グラフ

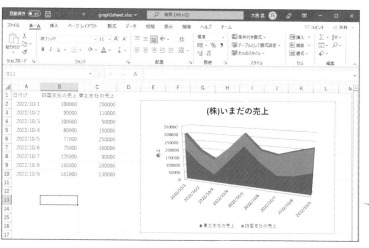

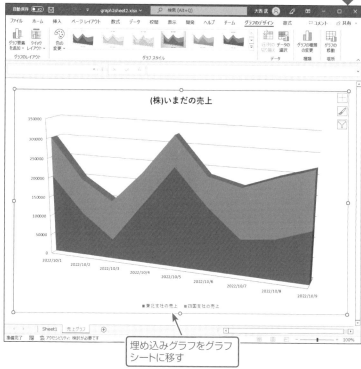

埋め込みグラフをグラフシートに移す

SAMPLE CODE 「graph2sheet.py」のコード

```python
# xlsxファイルを扱うライブラリを読み込む
import openpyxl

# ワークブックを読み込む
wb = openpyxl.load_workbook("graph2sheet.xlsx")
# アクティブなワークシートを取得する
ws = wb.active
# グラフシートを作成する
cs = wb.create_chartsheet("売上グラフ")
# グラフシートに埋め込みグラフを追加する
cs.add_chart(ws._charts[0])
# 埋め込みグラフを消す
del ws._charts[0]

# ワークブックを保存する
wb.save("graph2sheet2.xlsx")
```

|H|I|N|T|

埋め込みグラフをグラフシートにコピーしたら、もとの埋め込みグラフは削除しなければなりません。なぜなら同じグラフを同時に持つことができないからです（同時に複数の同一のグラフをxlsxファイルに書き出してExcelで見るとエラーになります）。

ONEPOINT 既存の埋め込みグラフからグラフシートを作成するには
「add_chart」メソッドを使う

　グラフシートにグラフを表示するには、空のグラフシートを作成して、グラフシートにワークシートにある埋め込みグラフを add_chart メソッドで追加します。もとの埋め込みグラフは削除します。

　ワークシートにある埋め込みグラフは _charts リストに格納されています。サンプルでは、0インデックスに埋め込みグラフが存在するのが前提でコードを書いています。

　グラフを取得する _charts リストの書式は次の通りです。チャーツとはチャートの複数形でグラフのことです。

　変数 = ワークシート._charts[インデックス番号]

　グラフを削除する del 文の書式は次の通りです。

　del グラフ

関連項目 ▶▶▶

●グラフからグラフシートを作成する‥‥‥‥‥‥‥‥‥‥‥‥‥‥‥‥ p.149

06
グラフ

CHAPTER 07

その他

セル範囲を表にまとめるときに
テーブルに変換する

ここでは、セルだけでできた一覧表をテーブルに変換する方法を解説します。

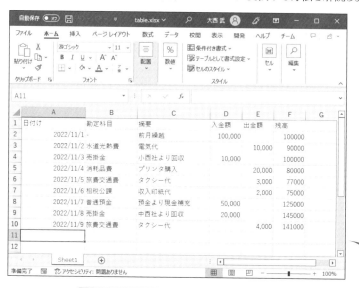

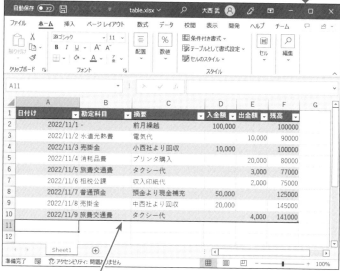

セルの表をテーブルに
変換する

SAMPLE CODE 「table.py」のコード

```python
# xlsxファイルを扱うライブラリを読み込む
import openpyxl
# テーブルを扱うモジュールを読み込む
from openpyxl.worksheet.table import Table, TableStyleInfo

# ワークブックを読み込む
wb = openpyxl.load_workbook("table.xlsx")
# アクティブなワークシートを取得する
ws = wb.active
# テーブルを作成する
table = Table(displayName="出納帳", ref="A1:F10")
# テーブルのスタイルを準備する
table_style = TableStyleInfo(
  name="TableStyleMedium16", showRowStripes=True)
# テーブルのスタイルを設定する
table.tableStyleInfo = table_style
# シートにテーブルを追加する
ws.add_table(table)

# ワークブックを保存する
wb.save("table2.xlsx")
```

HINT
テーブルは一見すると変換前の表と同じように見えますが、テーブルに変換するとデータの並べ替えやオートフィルターや集計などが簡単にできるようになります。

07
その他

ONEPOINT セルの表をテーブルに変換するには「Table」クラスを使う

　テーブルを作成するには、まず、テーブルにするセルの範囲を指定して Table クラスのインスタンスを生成します。次に、TableStyleInfo クラスでテーブルの装飾と配色のスタイルを生成し、Table クラスで生成したインスタンスの tableStyleInfo プロパティに生成したスタイルを適用します。最後に add_table メソッドでワークシートにテーブルを追加します。

　サンプルでは、セルA1〜A10のセル範囲を指定して Table クラスのインスタンスを生成し、table 変数に代入しています。次に TableStyleInfo クラスでスタイルのインスタンスを生成して table_style 変数に代入し、table 変数の tableStyleInfo プロパティに table_style 変数を代入しています。最後にワークシートの add_table メソッドに table 変数を追加します。

テーブルを扱うモジュールを読み込む from 文と import 文の書式は次の通りです。

```
from openpyxl.worksheet.table import Table, TableStyleInfo
```

テーブルのインスタンスを生成する Table クラスの書式は次の通りです。displayName 引数にテーブル名を、ref 引数に "A1:F10" などのセルの範囲を指定します。

テーブル変数 = Table(displayName, ref)

テーブルを装飾する TableStyleInfo クラスの書式は次の通りです。

スタイル変数 = TableStyleInfo(name,showRowStripes,
  showColumnStripes,showFirstColumn,showLastColumn)

name 引数の設定値は下表のようになります。

テーブルの色	説明
TableStyleLight1〜TableStyleLight21	淡色
TableStyleMedium1〜TableStyleMedium28	中間
TableStyleDark1〜TableStyleDark11	濃色

showRowStripes 引数、showColumnStripes 引数、showFirstColumn 引数、showLastColumn 引数の設定値は下表のようになります。

テーブルの配色	説明
showRowStripes	Trueで行の色が縞模様に表示
showColumnStripes	Trueで列の色が縞模様に表示
showFirstColumn	Trueで最初の列に色が付く
showLastColumn	Trueで最後の列に色が付く

テーブルにスタイルを設定する tableStyleInfo プロパティの書式は次の通りです。

テーブル変数.tableStyleInfo = スタイル変数

ワークシートにテーブルを追加する add_table メソッドの書式は次の通りです。

ワークシート.add_table(テーブル変数)

行と列を入れ替えて
横向きにフィルタリングする

　ここでは、新規作成したワークシートに行と列を入れ換えてコピーし、金額が500以上の列を削除する方法を解説します。

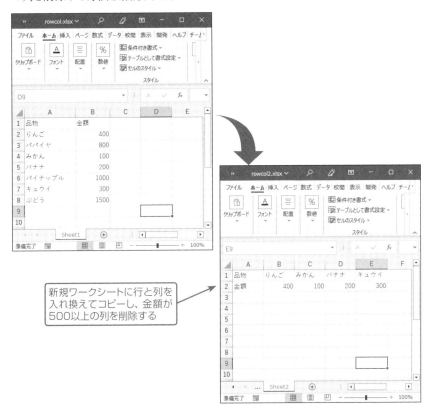

新規ワークシートに行と列を入れ換えてコピーし、金額が500以上の列を削除する

SAMPLE CODE 「rowcol.py」のコード

```python
# xlsxファイルを扱うライブラリを読み込む
import openpyxl

# ワークブックを読み込む
wb = openpyxl.load_workbook("rowcol.xlsx")
# アクティブなワークシートを取得する
ws = wb.active
# ワークシートを新規作成する
ws2 = wb.create_sheet("Sheet2")
```

159

```
# 行をループする                                               ▼
for row in range(1,ws.max_row+1):
  # 列をループする
  for col in range(1,ws.max_column+1):
    # Sheet1の行と列をSheet2の列と行にコピーする
    ws2.cell(col,row).value = ws.cell(row,col).value
# 列を逆順にループする
for col in range(2,ws2.max_column+1)[::-1]:
  # 金額が500以上の場合
  if ws2.cell(2,col).value > 500:
    # 列を削除する
    ws2.delete_cols(col)

# ワークブックを保存する
wb.save("rowcol2.xlsx")
```

07
その他

H I N T

基本的にデータのフィルタリングは行を処理した方がいい場合が多いですが、たとえば野球のスコアボードは横向きです。

ONEPOINT **行と列を入れ換えるにはもう1つワークシートを新規作成する**

　すべての行と列のセルを入れ換えるには新規作成したワークシートに入れ換えた列と行をコピーします。なぜなら同じワークシートで行と列を入れ換えると変更後の値がコピーされることもあってうまくいきません。もとのワークシートは変更せずに残したほうがよいでしょう。

　サンプルでは、1～8行を for ループして、ワークシート Sheet2 を新規作成し「品物」列を第1行に「金額」列を第2行にコピーします。

ONEPOINT **列をフィルタリングするには条件が成り立つ列を削除する**

　新規作成したワークシートの列でフィルタリングするには、ワークシートから列を削除する delete_cols メソッドを使います。

　サンプルでは、1～8列を for ループして、金額が500以上の「パパイヤ」「パイナップル」「ぶどう」の列を削除してフィルタリングしています。行や列を for ループの中で削除する場合は、行番号や列番号がずれないように最後から逆順に検索します。

3つの異なる表を1つの表にまとめる

ここでは、3つの異なる表を1つの表に統合する方法を解説します。

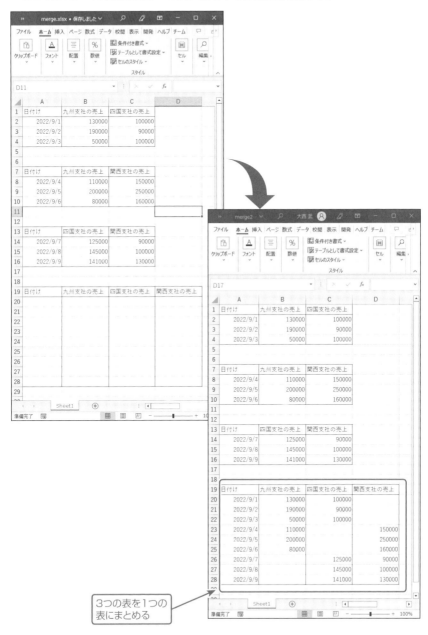

3つの表を1つの
表にまとめる

SAMPLE CODE 「merge.py」のコード

```python
# xlsxファイルを扱うライブラリを読み込む
import openpyxl

# 追加する表と元になる表をループする関数
def search(table):
    # 「row」変数が「search」関数内でも代入できるようにする
    global row
    # 追加する表の列をループする
    for col1 in range(2,5):
        # 元になる表の列をループする
        for col2 in range(2,4):
            # ヘッダーをチェックして表をコピーする
            check(col1,col2,table)
    # 追加行の行番号を3加算する
    row += 3

# ヘッダーの値が等しいときデータを追加する関数
def check(col1,col2,table):
    # 追加する表のヘッダーと元の表のヘッダーが等しい場合
    if ws.cell(19,col1).value == ws.cell(table,col2).value:
        # 元の表の3行のレコードをループする
        for row1 in range(1,4):
            # 日付けをコピーする
            ws.cell(row1+row,1).value = ws.cell(table+row1,1).value
            # 日付けの年月日のフォーマットを設定する
            ws.cell(row1+row,1).number_format = "yyyy/m/d"
            # 売上の数値をコピーする
            ws.cell(row1+row,col1).value = ws.cell(table+row1,col2).value

# ワークブックを読み込む
wb = openpyxl.load_workbook("merge.xlsx")
# アクティブなワークシートを取得する
ws = wb.active
# 追加行の最初の行を宣言する
row = 19
# 1行目からの表をコピーする
search(1)
# 7行目からの表をコピーする
search(7)
# 13行目からの表をコピーする
search(13)
```

```
# ワークブックを保存する
wb.save("merge2.xlsx")
```

▼

ONEPOINT 複数の表をまとめるにはヘッダーの文字列が等しい場合にコピーする

　3つの表で for ループして1つの表ずつ統合するには、表のヘッダーの列を比較して等しければその列の数値をコピーします。ただし、日付は上から順番通りのままで調べてはいません。

　サンプルでは、定義した search 関数で追加する表ともとになる表のヘッダー列を検索しています。定義した check 関数では統合する表ともとの表のヘッダーが等しいか調べて、等しければ3行のレコードをコピーしています。その際、1列目の日付のセルは「年/月/日」のフォーマットに設定します。

ONEPOINT 関数外の変数に代入するには「global」文を使う

　グローバル変数を何らかの関数内で代入できるようにするには、関数内で global 文を使います。 global 文を使わなくてもグローバル変数の値を取得することはできます。

　サンプルでは、定義した search 関数内の global 文で row 変数に代入ができるようにしています。定義した check 関数内では global 文は使っていませんが、row 変数の値は取得できます。

　global 文の書式は次の通りです。必ず関数内で使います。

```
def 関数名():
  global 変数名
```

07
その他

コメントの追加と余計なコメントを削除する

ここでは、まず、すべてのコメントを削除し、コメントをセル「A1」に追加する方法を解説します。

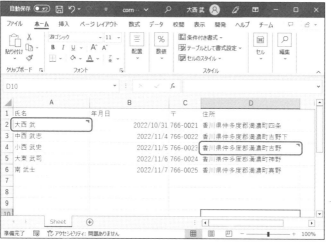

すべてのコメントを削除してから
コメントを追加する

SAMPLE CODE 「comment.py」のコード

```python
# xlsxファイルを扱うライブラリを読み込む
import openpyxl
# コメントを扱うモジュールを読み込む
from openpyxl.comments import Comment

# ワークブックを読み込む
wb = openpyxl.load_workbook("comment.xlsx")
# アクティブなワークシートを取得する
ws = wb.active
# A1～D6までループする
for row in ws["A1:D6"]:
  # 各行の列をループする
  for cell in row:
    # セルのコメントを削除する
    cell.comment = None

# コメントを生成する
comment = Comment('コメント', '作者')
# コメントのテキストを設定する
comment.text = "このスクリプトはまずすべてのコメントを削除します。"
# コメントの作者を設定する
comment.author = "大西 武"
# コメントの幅を設定する
comment.width = 200
# コメントの高さを設定する
comment.height = 200
# A1にコメントを追加する
ws["A1"].comment = comment

# ワークブックを保存する
wb.save("comment2.xlsx")
```

07
その他

HINT
セルの右上にマークがあるのがコメントで、普段は隠れています。そのセルにマウスポインタを重ねるとコメントが表示されます。

ONEPOINT	コメントを削除するには「comment」プロパティにNoneを代入する

　セルのコメントを削除するには、セルの **comment** プロパティに **None** 代入します。

　サンプルでは、セルA1〜D6のすべてのセルを **for** ループし、各セルの **comment** プロパティに **None** を代入しています。

　セルの **comment** プロパティの書式は次の通りです。 **None** を代入すればコメントがなくなり、コメントのインスタンスを代入するとコメントが追加されます。

```
セル.comment = None
セル.comment = コメントのインスタンス
```

ONEPOINT	コメントを追加するには「Comment」クラスを使う

　コメントを追加するには **Comment** クラスのインスタンスを生成し、そのインスタンスにテキストや作者名や幅や高さを設定して、**comment** プロパティに代入します。

　コメントのインスタンスを生成する **Comment** クラスの書式は次の通りです。第1引数にコメントの文字列を、第2引数に作者の文字列を指定します。

```
コメント変数 = Comment(コメント,作者)
コメント変数.text = テキスト
コメント変数.author = 作者
コメント変数.width = 幅
コメント変数.height = 高さ
```

　サンプルでは、コメントのテキストに「このスクリプトはまずすべてのコメントを削除します。」、作者名に「大西 武」、コメントの幅に200、高さに200を設定しています。

ワークシートに画像ファイルを挿入する

ここでは、A列のファイル名の画像ファイルをセルに読み込む方法を解説します。

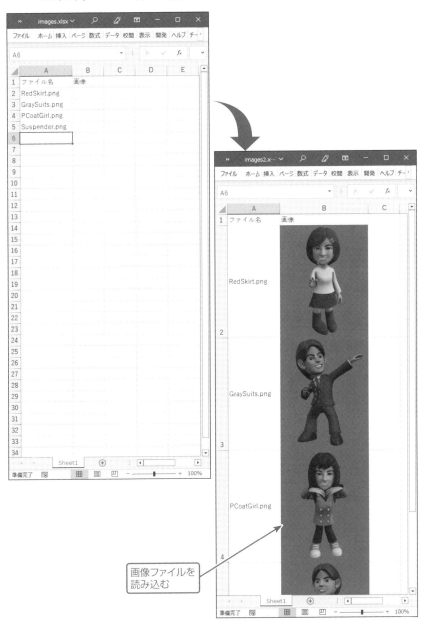

画像ファイルを
読み込む

SAMPLE CODE 「images.py」のコード

```python
# xlsxファイルを扱うライブラリを読み込む
import openpyxl
# 画像を扱うモジュールを読み込む
from openpyxl.drawing.image import Image

# ワークブックを新規作成する
wb = openpyxl.load_workbook("images.xlsx")
# アクティブなワークシートを取得する
ws = wb.active
# 空の「images」リストを宣言する
images = []
# A2～A5までループする
for row in ws["A2:A5"]:
  # 各行の列をループする
  for cell in row:
    # 画像ファイル名を取得して「images」リストに追加する
    images.append("images/"+cell.value)
# 画像ファイル「images」リストをループする
for i in range(len(images)):
  # 画像を読み込む
  img = Image(images[i])
  # 追加するセルの行番号を設定する
  row = i+2
  # B列のセルに画像を追加する
  ws.add_image(img,"B"+str(row))
  # B列のセルの幅を200pxに設定する
  ws.column_dimensions['B'].width = 200/8
  # セルの高さを250pxに設定する
  ws.row_dimensions[row].height = 250*3/4

# ワークブックを保存する
wb.save("images2.xlsx")
```

> **HINT**
> サンプルを実行する前に「pillow」ライブラリをインストールしておく必要があります
> (ONEPOINT参照)。

> **HINT**
> 残念なことに「openpyxl」ライブラリにはxlsxファイルから画像を取得する機能はあり
> ません。画像をxlsxファイルに挿入する機能だけあります。

07
その他

ONEPOINT　**画像を読み込んでセルに追加するには**
「openpyxl.drawing.image」モジュールの「Image」クラスを使う

画像を読み込むには「openpyxl.drawing.image」モジュールの **Image** クラスを
使います。「openpyxl.drawing.image」モジュールの開発には「pillow」ライブラリ
を利用しているので、「openpyxl.drawing.image」モジュールを使う際は「pillow」ラ
イブラリのインストールが必要です。ターミナルで次のコマンドを実行して「pillow」ラ
イブラリをインストールします。

```
$ pip install pillow
```

Image クラスの書式は次の通りです。「画像ファイル名」引数に読み込む画像
を指定します。サンプルでは相対パスですが、絶対パスにした方が確実でしょう。

```
from openpyxl.drawing.image import Image
```
画像変数 = Image(**画像ファイル名**)

ワークシートに画像を追加する **add_image** メソッドの書式は次の通りです。「画
像」引数に追加する画像、「セル番号」引数に追加先のセル番号を指定します。

　ワークシート.add_image(**画像,セル番号**)

サンプルでは、**images** リストを **for** ループして4つの画像ファイルを **Image** ク
ラスを使って読み込んでいます。

ONEPOINT　**リストに要素を後ろから追加するには「append」メソッドを使う**

画像ファイル名をリストに設定するには **append** メソッドを使います。
サンプルでは、**images.xlsx** ファイルを読み込むとA列に画像ファイル名が4つ
書かれています。その画像ファイル名を **for** ループで **images** リストに追加します。
リストの **append** メソッドの書式は次の通りです。「要素」引数には、数値、文
字列、リスト、タプル、辞書型、オブジェクトが指定できます。

　リスト.append(**要素**)

サンプルではリストを利用していますが、リストを使わずファイル名を直接指定して
も画像を追加することはできます。

07

そ
の
他

| COLUMN | 相対パスと絶対パス |

パスとはファイルが存在するフォルダとファイル名を組み合わせた階層位置を表します。

相対パスとは今アクティブになっているパスから見た相対的なパスです。つまりルートから指定したパスではありません。

それに対し絶対パスはルートから見た1つしかないフルパスです。たとえば、Windowsなら「C:¥フォルダ名¥ファイル名」で、macOSやLinuxでは「/フォルダ名/ファイル名」です。

Pythonで絶対パスを取得するには、次のようなコードを書きます。

SAMPLE CODE 「path.py」のコード

```python
# OSの機能を使ったモジュールを読み込む
import os

# 引数と合わせて絶対パスを取得して「path」変数に代入する
path = os.path.abspath("images/RedSkirt.png")
# 「path」変数をターミナルに表示する
print(path)
```

SECTION-049

CSVファイルを読み込むときに
数値でなく文字で入力する

　ここでは、CSVファイルを読み込んで、数値も文字列にしてxlsxファイルに保存する方法を解説します。

CSVファイルを読み込んで
xlsxファイルに保存する

SAMPLE CODE 「opencsv.csv」のコード

```python
# xlsxファイルを扱うライブラリを読み込む
import openpyxl

# ワークブックを新規作成する
wb = openpyxl.Workbook()
# アクティブなワークシートを取得する
ws = wb.active
# 開くCSVファイル名を宣言する
filename = "opencsv.csv"
# CSVファイルを開く
with open(filename,encoding="utf-8") as file:
  # CSVファイルをすべて読み込む
  lines = file.read()
# 改行文字で「lines」変数をリストに分割する
lines = lines.split("\n")
# リストの要素数だけループする
for row in range(len(lines)):
  # 1行ずつリストの要素を取得する
  line = lines[row].split(",")
  # 1行の要素数だけループする
  for col in range(len(line)):
```

```
    # 各行の要素をセルに入力する
    ws.cell(row+1,col+1).value = str(line[col])
```

▼

```
# ワークブックを保存する
wb.save("opencsv.xlsx")
```

HINT

「001」などの数字はそのままでは数値として扱われ、Excel上で「1」になります。そこで str("001") とすることで「001」のままExcel本体で扱えるようにしています。

ONEPOINT **CSVファイルを読み込むには「open」関数を使う**

　CSVファイルに限らずファイルを読み込むには open 関数を使います。 with を付けることで close メソッドが省略できます。開いたファイルは read メソッドでデータを取得できます。

　サンプルでは、opencsv.csv ファイルを読み込んでいます。開いたファイルのデータをすべてを lines 変数に読み込み、改行コードでリストに分割しています。さらにその各リストも , でリストに分割して、その各要素をセルに入力します。

　open 関数の書式は次の通りです。「ファイル名」引数には開くファイルを指定します。 encoding 引数にはファイルの文字コードを指定します。サンプルで使用した opencsv.csv ファイルはUTF-8なので、encoding 引数で utf-8 を指定しています。

```
with open(ファイル名,encoding) as ファイル:
```

　open 関数で開いたファイルの全データを読み込む read メソッドの書式は次の通りです。

```
変数 = ファイル.read()
```

COLUMN	バイナリファイルを読み書きするには

バイナリファイルを読み込む場合は **open** 関数の第2引数に **'rb'**（read binary の意）を指定します。バイナリファイルに書き込む場合は第2引数に **'wb'**（write binaryの意）を指定します。なお、テキスト形式でファイルを書き込む場合は **open** 関数の第2引数に **'w'**（writeの意）を指定します。

```
変数 = open(ファイル名, 'rb')
変数 = open(ファイル名, 'wb')
変数 = open(ファイル名, 'w')
```

関連項目 ▶▶▶

07
その他

WebAPIで都道府県名を取得して
セルに入力する

ここでは、WebAPIを利用して、都道府県名をセルに入力する方法を解説します。

WebAPIを利用して都道府県名
の一覧をセルに入力する

07
その他

SAMPLE CODE 「webapi.py」のコード

```python
# xlsxファイルを扱うライブラリを読み込む
import openpyxl
# WebAPIを扱うモジュールを読み込む
import requests
# JSONを扱うモジュールを読み込む
import json

# WebAPIからJsonを読み込む
def loadJson(url):
    # WebAPIをリクエストする
    res = requests.get(url)
    # Jsonファイルを読み込む
    data = json.loads(res.text)
    # Jsonリストをループする
    for i in range(len(data)):
        # Jsonデータをセルに入力する
        ws.cell(i+1,2).value = data[i]["name"]

# ワークブックを新規作成する
wb = openpyxl.Workbook()
# アクティブなワークシートを取得する
ws = wb.active
# リクエストするURLを宣言する
url = "https://api.thni.net/jzip/X0401/JSON/J/state_index.js"
# WebAPIをリクエストする
loadJson(url)

# ワークブックを保存する
wb.save("webapi.xlsx")
```

> **HINT**
> サンプルを実行するには事前に「requests」モジュールをインストールしておく必要が
> あります（ONEPOINT参照）。

> **HINT**
> サンプルで利用しているWebAPIはIDやパスワードの必要はありませんが、多くの
> WebAPIではIDやパスワードを取得する必要がある場合がほとんどです。

| ONEPOINT | WebAPIを扱うには「requests」モジュールを使う |

Web上のAPI（用意されたプログラムとデータや処理をやり取りするインターフェース）にURLをリクエスト（要求）して、JSONなどのデータを送ったり受け取ったりするには、WebAPIの仕組みや機能を使います。

JSONとは、JavaScriptで読み書きできるデータが扱いやすいフォーマットで、Pythonなどの他のプログラミング言語でも扱えるようになっています。

サンプルでは、『ZIP SEARCH API SERVICE 「JIS X0401」対応版』というWebAPIを使って、URLをリクエストし、JSONファイルを受け取って都道府県名や市区町村名や地名の一覧を取得して、セルに入力しています。

まず先に、「requests」モジュールが使えるようにターミナルで次のコマンドを入力して「requests」モジュールをインストールします。

07
その他

```
$ pip install requests
```

WebAPIにリクエストする **get** 関数の書式は次の通りです。「URL」引数にWebAPIのURLを指定します。さらに予備で「パラメータ」引数を指定することもできます。

```
import requests
レスポンス = requests.get(URL,パラメータ)
```

JSON形式のデータとして読み込む「json」モジュールの **loads** 関数の書式は次の通りです。サンプルでは「テキスト」引数に **requests.get** した **res** 変数の **text** プロパティを指定します。

```
import json
変数 = json.loads(テキスト)
```

COLUMN	市町村名の一覧を取得するには

　都道府県名から市区町村名を取得するには **city_index.js** を使います。下記の **webapi2.py** は **webapi.py** を書き換えたコードです。大きくは **url** 変数が変わっただけです。ほとんど同じコードで、市区町村名を取得することができます。「prefecture」は都道府県を意味します。

SAMPLE CODE 「webapi2.py」のコード

```python
# xlsxファイルを扱うライブラリを読み込む
import openpyxl
# WebAPIを扱うモジュールを読み込む
import requests
# JSONを扱うモジュールを読み込む
import json

# WebAPIからJsonを読み込む
def loadJson(url):
  # WebAPIをリクエストする
  res = requests.get(url)
  # Jsonファイルを読み込む
  data = json.loads(res.text)
  # Jsonリストをループする
  for i in range(len(data)):
    # Jsonデータをセルに入力する
    ws.cell(i+1,2).value = data[i]["name"]

# ワークブックを新規作成する
wb = openpyxl.Workbook()
# アクティブなワークシートを取得する
ws = wb.active
# 県名を宣言する
prefecture = "香川県"
# 県名をセルに入力する
ws["A1"].value = prefecture
# リクエストするURLを宣言する
url = "https://api.thni.net/jzip/X0401/JSON/J/" \
    + prefecture + "/city_index.js"
# WebAPIをリクエストする
loadJson(url)

# ワークブックを保存する
wb.save("webapi2.xlsx")
```

前ページのコードを実行すると、次のようになります（香川県の市町村名を取得しています）。

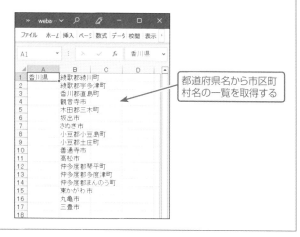

都道府県名から市区町村名の一覧を取得する

COLUMN 都道府県名と市区町村名から地名を取得するには

都道府県名と市区町村名から地名を取得するには **street_index.js** を使います。下記の **webapi3.py** は **webapi2.py** を書き換えたコードです。大きくは **url** 変数が変わっただけです。ほとんど同じコードで、地名を取得することができます。「city」は市町村を意味します。

SAMPLE CODE 「webapi3.py」のコード

```python
# xlsxファイルを扱うライブラリを読み込む
import openpyxl
# WebAPIを扱うモジュールを読み込む
import requests
# JSONを扱うモジュールを読み込む
import json

# WebAPIからJsonを読み込む
def loadJson(url):
    # WebAPIをリクエストする
    res = requests.get(url)
    # Jsonファイルを読み込む
    data = json.loads(res.text)
    # Jsonリストをループする
    for i in range(len(data)):
        # Jsonデータをセルに入力する
        ws.cell(i+1,2).value = data[i]["name"]
```

▼

```python
# ワークブックを新規作成する
wb = openpyxl.Workbook()
# アクティブなワークシートを取得する
ws = wb.active
# 県名を宣言する
prefecture = "香川県"
# 市区町村名を宣言する
city = "仲多度郡まんのう町"
# 県名をセルに入力する
ws["A1"].value = prefecture
# 市区町村名をセルに入力する
ws["A2"].value = city
# リクエストするURLを宣言する
url = "https://api.thni.net/jzip/X0401/JSON/J/" \
    + prefecture + "/" + city + "/street_index.js"
# WebAPIをリクエストする
loadJson(url)

# ワークブックを保存する
wb.save("webapi3.xlsx")
```

上記のコードを実行すると、次のようになります。

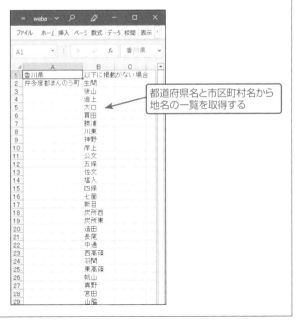

都道府県名と市区町村名から
地名の一覧を取得する

| COLUMN | グローバル変数を関数内で代入するのに「global」文が不要な場合 |

　グローバル変数がコンテナオブジェクト（リストや辞書）の場合に関数内で代入したいとき、global 文は必要ありません。なぜなら、コンテナオブジェクトを代入するときには参照が先に行われてから値の更新が行われるためです。

Excel関数を使う

ここでは、Excel関数を利用する方法を解説します。

Excel関数の「SUM」で
データを集計する

SAMPLE CODE 「sum.py」のコード

```python
# xlsxファイルを扱うライブラリを読み込む
import openpyxl

# ワークブックを読み込む
wb = openpyxl.load_workbook("sum.xlsx")
# アクティブなワークシートを取得する
ws = wb.active
# D列の合計を入力する
ws["D11"].value = "=SUM(D2:D10)"
# E列の合計を入力する
ws["E11"].value = "=SUM(E2:E7,E10)"
# F列の合計を入力する
ws["F11"].value = "=SUM(F2:F10)"

# ワークブックを保存する
wb.save("sum2.xlsx")
```

07
その他

HINT

Excel関数はPython上では単なる文字列に過ぎず何も起こりません。Excel本体で開いたときに計算されます。

ONEPOINT Excel関数を利用するには「value」プロパティを使う

PythonでExcel関数を扱うには、「value」プロパティを使って数式を文字列としてセルに入力します。サンプルではSUM関数を利用し、集計を行っています。

Excel関数を設定する **value** プロパティの書式は次の通りです。Excel関数は文字列で = から始まり、関数名に続く () 内に引数を指定します。SUMの場合、引数は **D2:D10** などのセル範囲1つだけでなく、**E2:E7,E10** のようにセル範囲と単独のセルを , 区切りで複数の引数を指定することもできます。

```
ワークシート[セル番号].value = "=SUM(セル範囲)"
ワークシート[セル番号].value = "=SUM(セル範囲,セル,...)"
```

なお、Excel関数を使わなくてもopenpyxlでほとんど同じことができます。ただし、Excel関数のほうがシンプルに書け、Excel本体でも使える機能なので知っておいて損はないでしょう。

COLUMN	配列数式を入力するには

配列数式とは、配列（複数のセル）を対象に、複数の計算を実行できる数式です。サンプルではExcel関数の「SUMPRODUCT」関数を使って数値×数量の結果からすべての行を合計しています。

配列数式をPython上で入力するExcel関数「SUMPRODUCT」の書式は次の通りです。文字列 **=SUMPRODUCT** は関数なので引数の **()** 内に「セル範囲0*セル範囲1」引数を。たとえば **B2:B8*C2:C8** のように乗算します。

ワークシート[セル番号].value = "=SUMPRODUCT(**セル範囲0*セル範囲1**)"

セル範囲の数値×数量の配列数式を入力するサンプルは次の通りです。このサンプルでは、**for** ループでB列の第2行の金額とC列の第2行の個数を乗算してD列の第2行に合計額を代入します。同様にD列の3〜8行までそれぞれ合計額を計算します。ただし、D列第9行のすべての合計はD列の2〜8行を合計したのではなく、配列数式を使ってすべてを合計しています。

SAMPLE CODE 「arraysum.py」のコード

```python
# xlsxファイルを扱うライブラリを読み込む
import openpyxl

# ワークブックを読み込む
wb = openpyxl.load_workbook("arraysum.xlsx")
# アクティブなワークシートを取得する
ws = wb.active
# 2〜最大行までループする
for i in range(2,ws.max_row+1):
  # B列×C列の合計をD列に入力する
  ws.cell(i,4).value = "=SUM(B"+str(i)+"*C"+str(i)+")"
# B列×C列のすべての合計をD列に入力する
ws["D9"].value = "=SUMPRODUCT(B2:B8*C2:C8)"

# ワークブックを保存する
wb.save("arraysum2.xlsx")
```

上記のコードを実行すると、次のページの図のようになります。

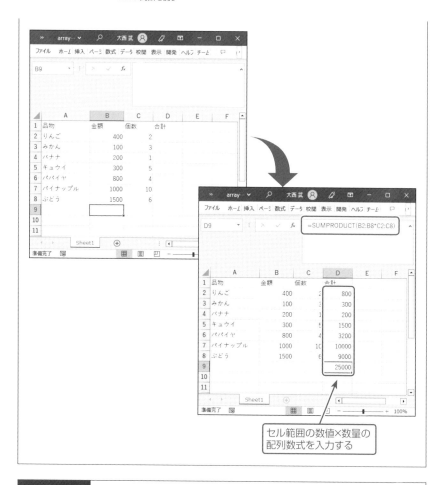

セル範囲の数値×数量の
配列数式を入力する

COLUMN　　**セル範囲を指定するテクニック**

　　Excel本体ではセルに入力した関数はフィルハンドルをドラッグするだけでセル範囲を変更しながらコピーできますが、「openpyxl」ライブラリの場合は1つのセルごとにExcel関数を入力する必要があります。その場合、1つずつ数式を入力するのは面倒です。

　　そこで **for** 文を使い、ループ処理でセル番地を指定します。その際、各セル番地は **cell()** メソッドではなく、"**B5**" などのセル番地を列のアルファベット文字列と行番号を文字列化(**str** 関数)した値を + で文字列連結して文字列を用意します。

　　また、文字列の中に文字列を書く場合、外側の文字列を ' (シングルクオーテーション)で囲み、その中の文字列を " (ダブルクオーテーション)で囲みます。

　たとえば、Excelの「IF」関数の条件判定によって入力文字を変えるサンプルは次の通りです。

SAMPLE CODE 「funcif.py」のコード

```python
# xlsxファイルを扱うライブラリを読み込む
import openpyxl

# ワークブックを読み込む
wb = openpyxl.load_workbook("funcif.xlsx")
# アクティブなワークシートを取得する
ws = wb.active
# 2～11行未満までforループする
for i in range(2,11):
    # セル番号を文字列に設定する
    d = "D"+str(i)
    # セル番号を文字列に設定する
    b = "B"+str(i)
    # セル番号を文字列に設定する
    c = "C"+str(i)
    # もし条件式が成り立つ場合
    ws[d].value = '=IF('+b+'>'+c+',"多い","少ない")'

# ワークブックを保存する
wb.save("funcif2.xlsx")
```

　上記のコードを実行すると、次のようになります。

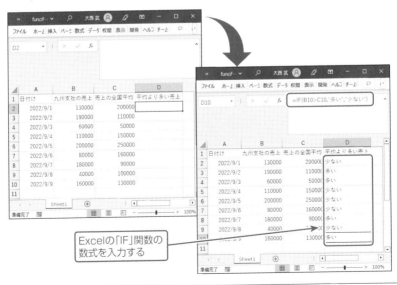

Excelの「IF」関数の数式を入力する

185

| COLUMN | Excel関数の計算結果を読み込む |

今まで通りに load_workbook でxlsxファイルを読み込むとExcel関数はそのままの文字列です。もしExcel関数で計算した結果の値を読み込みたい場合は load_workbook の data_only 引数を True にします。

ただし、Pythonの「openpyxl」ライブラリで書き出したExcel関数の計算結果を読み込むと None になります。サンプルの場合は、必ずExcel本体で countif2.xlsx を開いて countif3.xlsx ファイルに保存してください。

サンプルでは、今まで通り読み込んだ countif3.xlsx ファイルのセルB8の値は =COUNTIF(B2:B6,"=法人") で、data_only=True で読み込んだ countif3.xlsx ファイルのセルB8の値は 2 がターミナルに表示されます。

サンプルコードは次の通りです。

SAMPLE CODE 「sumifs2.py」のコード

```python
# xlsxファイルを扱うライブラリを読み込む
import openpyxl

# ワークブックを読み込む
wb = openpyxl.load_workbook("countif3.xlsx")
# アクティブなワークシートを取得する
ws = wb.active
# セルの計算式の文字列をターミナルに表示する
print("計算式のままの文字列　"+ws["B8"].value)

# ワークブックをExcel関数を計算した結果で読み込む
wb = openpyxl.load_workbook("countif3.xlsx",data_only=True)
# アクティブなワークシートを取得する
ws = wb.active
# セルの計算後の文字列をターミナルに表示する
print("計算後の文字列　"+str(ws["B8"].value))
```

関連項目 ▶ ▶ ▶

INDEX

■著者紹介

大西　武

1975年香川県生まれ。大阪大学経済学部経営学科中退。株式会社カーコンサルタント大西で監査役を務める。

アイデアを考えたり、20言語以上使えるプログラミングをしたり、3DCGや2次元の絵を描いたり、ギターやピアノやウクレレやブルースハープで演奏作詞作曲したり、デザインしたり、文章を書いたりする、作家でアーティストで会社役員。

コンピュータ書や一般書や雑誌記事などを執筆したり、コンテストに入賞したり、TVで放送されたり、雑誌やWebサイトなどに載ったり、合わせて300回以上自作作品が採用されている。

◆ホームページ
https://profile.vixar.jp
https://vexil.jp

◆Twitter
https://twitter.com/Roxiga

◆主な著書（30冊以上商業出版）
『Pythonではじめる3Dツール開発』（シーアンドアール研究所）
『Python3 3Dゲームプログラミング』（工学社）
『HTML5+JavaScript+CSS+WebGLによる3D Webコンテンツ制作』（秀和システム）
『3D IQ間違い探し』（主婦の友社）　など

◆主な受賞歴（20回以上コンテストに入賞）
NTTドコモ「MEDIAS Wアプリ開発コンテスト」グランプリ
Microsoft「Windows Vistaソフトウェアコンテスト」WPF Webコンテンツ部門大賞
「2011アジアデジタルアート大賞」エンターテインメント（産業応用）部門特別奨励賞
「アンドロイドやろうぜ by GMO」ミュージックカテゴリ大賞　など

◆主なテレビ放送（3Dクイズが約10回出題されたりなど）
フジテレビ「脳テレ〜あたまの取扱説明書（トリセツ）〜」
NHK BS「デジタルスタジアム」
BSフジ「TV☆Lab 30秒でヨロシク!はっとして☆ブレイン」　など

●特典がいっぱいのWeb読者アンケートのお知らせ

　C&R研究所ではWeb読者アンケートを実施しています。アンケートに
お答えいただいた方の中から、抽選でステキなプレゼントが当たります。
詳しくは次のURLのトップページ左下のWeb読者アンケート専用バナー
をクリックし、アンケートページをご覧ください。

C&R研究所のホームページ **https://www.c-r.com/**

携帯電話からのご応募は、右のQRコードをご利用ください。

編集担当：吉成明久 / カバーデザイン：秋田勘助（オフィス・エドモント）
イラスト：©backoneline - stock.foto

Python×Excel逆引きレシピ集

2023年3月17日　　初版発行

著　者	大西武
発行者	池田武人
発行所	株式会社　シーアンドアール研究所
	新潟県新潟市北区西名目所 4083-6（〒950-3122）
	電話　025-259-4293　　FAX　025-258-2801
印刷所	株式会社　ルナテック

ISBN978-4-86354-409-3 C3055
©Takeshi Onishi, 2023　　　　　　　　　　　　　　　　Printed in Japan